MEHR GEHT NICHT

Ein klimawissenschaftliches Vermächtnis

schweigen

schreiben

sprechen

Uli Weber

Zur Entstehung dieses Buches: Die Entwicklung der Naturwissenschaften hatte einstmals die abendländische Aufklärung beflügelt. Ihre Domestizierung über fremdgeförderte Gefälligkeitsstudien und eine zunehmende Ideologisierung bis hin zu hysterischen Erweckungsbewegungen mag daher erneut ein dunkles Zeitalter einleiten, nämlich den obsessiven Dekarbonisierungswahn bis zum Jahre 2100.

In den 1970-er Jahren waren dem Autor die gesicherten Grundlagen der Paläoklimatologie vermittelt worden. Den frühen Klimaalarm der 1980-er Jahre hielt er folglich für eine nicht ganz uneigennützige mediale Fokussierung auf die Extrema im Spektrum ehrlicher wissenschaftlicher Erkenntnisse. In den 1990-er Jahren vermisste er einen Brückenschlag zwischen der aktuellen Klimaforschung und der gesicherten Paläoklimatologie, und in den 2000-er Jahren tauchten schließlich erhebliche Widersprüche zwischen beiden auf. In den 2010-er Jahren hatte der Autor dann die Zeit, sich ernsthaft mit den wissenschaftlichen Grundlagen der gegenwärtigen Klimahysterie auseinanderzusetzen. Er hatte diese Grundlagen zunächst auf ihre inhaltliche Konsistenz hin überprüft und schließlich anhand gesicherter wissenschaftlicher Gesetzmäßigkeiten widerlegt.

Die hier zusammengefassten Widerlegungen der klimaalarmistischen Kernthesen fanden trotz diverser Veröffentlichungen keinerlei Eingang in die öffentliche Klimadiskussion. Reden und schreiben, mehr geht nun einmal nicht, und das Schweigen ist dabei auch nicht zu kurz gekommen. Denn im Verlauf seines gesellschaftspolitischen Engagements konnte der Autor einen gewissen Schwund an zwischenmenschlichen Kontakten feststellen; die durch seine öffentlichen Beiträge ausgelösten ad-hominem-Würdigungen durch MINT-ferne Glaubensbrüder*Innen hält er ebenfalls für verzichtbar.

Leider hatte der Autor für die in diesem Buch präsentierten Arbeiten keinerlei Sponsoring erhalten – einen 400ppm-Anteil an den Fördermitteln für Klimahysterie hielte er aber durchaus für angemessen...

Echte Wissenschaft ist ganz allein der Wahrheit verpflichtet

Vereinfacht bringt es ein aktuelles Zitat auf den Punkt: *„Dazu gehört, dass wir Lügen nicht Wahrheiten nennen und Wahrheiten nicht Lügen!"*

(Bundeskanzlerin Dr. Dr. h.c. Angela Merkel am 30.05.2019 @ Harvard)

schweigen

schreiben

sprechen

MEHR GEHT NICHT - Ein klimawissenschaftliches Vermächtnis

© 2019 Uli Weber

Herstellung und Verlag:

BoD - Books on Demand, Norderstedt

ISBN: 978-3-74481-851-3

Alle Rechte vorbehalten, einschließlich elektronischer und neuer Medien.

Einbandgestaltung: U. Weber 2019 (inspiriert durch Tucholskys „Treppe")

Danksagung: Ich bedanke mich ganz herzlich und in tiefem Respekt bei der Deutschen Geophysikalischen Gesellschaft für die gradlinige wissenschaftliche Haltung, mit der die DGG-Redaktion meine Arbeiten veröffentlicht und zur Diskussion gestellt hatte.

Hamburg am 1. Juni 2019 - Uli Weber

Bibliographische Information der Deutschen Nationalbibliothek:

Die Deutsche Nationalbibliothek verzeichnet diese Publikation in der Deutschen Nationalbibliografie; detaillierte bibliografische Daten sind im Internet über (http://dnb.d-nb.de) abrufbar.

Auflösung im ersten Kapitel

Inhalt

Seite

Die Anfänge der Klimareligion   6

Der falsche 97%-Konsens in der Wissenschaft   14

Ein globales CO_2-Budget wäre fortlaufend erneuerbar   22

CO_2 ist nicht der natürliche globale Klimaantrieb   27

Ein natürlicher Albedo-Antrieb erklärt die globale Klimagenese 36

Es gibt keinen „natürlichen atmosphärischen Treibhauseffekt" 54

Nach dem Spiel ist vor dem Spiel   77

Die Anfänge der Klimareligion

Spätestens Ende der 1980-er/Anfang der 1990-er Jahre hatte die gegenwärtige Hysterie um eine menschengemachte Klimakatastrophe an ganz unterschiedlichen Stellen ihren Anfang genommen und sich dann sehr schnell zu einer globalen politischen Agenda entwickelt:

IPCC 1988, Zitat aus Wikipedia (Stand 5-2019):

„Der Intergovernmental Panel on Climate Change (IPCC, Zwischenstaatlicher Ausschuss für Klimaänderungen), im Deutschen oft als „Weltklimarat" bezeichnet, wurde im November 1988 vom Umweltprogramm der Vereinten Nationen (UNEP) und der Weltorganisation für Meteorologie (WMO) als zwischenstaatliche Institution ins Leben gerufen, um für politische Entscheidungsträger den Stand der wissenschaftlichen Forschung zum Klimawandel zusammenzufassen mit dem Ziel, Grundlagen für wissenschaftsbasierte Entscheidungen zu bieten, ohne dabei Handlungsempfehlungen zu geben."

Deutscher Bundestag 1989, Zitat aus der Drucksache 11/4133 vom 08.03.89 mit Hervorhebungen:

„Der Ozonabbau in der Stratosphäre und der Treibhauseffekt werden zu einer immer größeren Herausforderung für die Menschheit. **Die Bedrohung der Erdatmosphäre gefährdet das Leben auf der Erde, wenn der gegenwärtigen Entwicklung nicht frühzeitig und umfassend Einhalt geboten wird.** *Ursache für die Gefährdung sind durch menschliche Aktivitäten freigesetzte Spurengase."*

(*Erste Beschlußempfehlung und Bericht des Ausschusses für Umwelt, Naturschutz und Reaktorsicherheit zu dem Ersten Zwischenbericht der Enquete-Kommission* **„Vorsorge zum Schutz der Erdatmosphäre"** *gemäß Beschluß des Deutschen Bundestages vom* **16. Oktober und 27. November 1987** *- Drucksachen 11/533, 11/787, 11/971, 11/1351, 11/3246)*

Club of Rome 1991: In dem Buch „The First Global Revolution" (1991) von Alexander King und Bertrand Schneider für den Club of Rome heißt es auf Seite 70, Zitat mit Hervorhebungen:

> „***The need for enemies seems to be a common historical factor.*** *Some states have striven to overcome domestic failure and internal contradictions by blaming external enemies. The ploy of finding a scapegoat is as old as mankind itself - when things become too difficult at home, divert attention to adventure abroad.* ***Bring the divided nation together to face an outside enemy, either a real one, or else one invented for the purpose.***"

Und weiter heißt es dort auf Seite 75, Zitat mit Hervorhebungen:

> „***In searching for a common enemy against whom we can unite, we came up with the idea that pollution, the thread of global warming, water shortages famine and the like, would fit the bill.*** *In their totality and their interactions these phenomena do constitute a common thread which must be confronted by everyone together. But in designating these dangers as the enemy, we fall into the trap, which we have already warned readers about, namely mistaking symptoms for causes.*
>
> ***All these dangers are caused by human intervention in natural processes, and it is only through changed attitudes and behaviour that they can be overcome. The real enemy than is humanity itself.***"

Die Klimarahmenkonvention (UNFCCC) von 1992, Zitat aus Wikipedia (Stand 5-2019):

> *„Im Juni 1992 fand in Rio de Janeiro die Konferenz der Vereinten Nationen über Umwelt und Entwicklung (UNCED) statt. Zu der bis dahin weltgrößten internationalen Konferenz reisten sowohl Abgesandte fast aller Regierungen als auch Vertreter zahlreicher Nichtregierungsorganisationen nach Brasilien. In Rio wurden mehrere multilaterale Umweltabkommen vereinbart, darunter die Klimarahmenkonvention (UNFCCC). Außerdem sollte die Agenda 21 besonders auf regionaler und lokaler*

Ebene die gesteigerten Bemühungen um mehr Nachhaltigkeit vorantreiben, zu der fortan auch der Klimaschutz gezählt wurde."

Das Kyoto-Protokoll von 1997, Zitat aus Wikipedia (Stand 5-2019):

„Das Protokoll von Kyoto zum Rahmenübereinkommen der Vereinten Nationen über Klimaänderungen (kurz: Kyoto-Protokoll, benannt nach dem Ort der Konferenz Kyōto in Japan) ist ein am 11. Dezember 1997 beschlossenes Zusatzprotokoll zur Ausgestaltung der Klimarahmenkonvention der Vereinten Nationen (UNFCCC) mit dem Ziel des Klimaschutzes."

Die UN-Klimakonferenz von 2015 in Paris hatte dann einen unverbindlichen globalen Klimavertrag und ein jährliches 100 Milliarden US$-Umverteilungsprogramm für die Schwellenländer und die Dritte Welt hervorgebracht, wobei unklar bleibt, was das Ei und was die Henne gewesen sein mag.

Das Angebot in Paris lautete offenbar, für eine Unterschrift unter den nicht verbindlichen Klimavertrag gibt es eine jährliche Apanage aus dem Grünen Klimafonds (GCF – Green Climate Fund). Kann ein verantwortlicher Politiker aus einem armen Land dazu wirklich „nein" sagen? - Im Buch „Der Pate" hieß es an einer solchen Stelle sinngemäß, *„wir machen ihm ein Angebot, das er nicht ablehnen kann...".*

Im Ergebnis können wir also feststellen, dass die Industrienationen in ihrem Klimawahn offensichtlich die Schwellenländer und die Dritte Welt dafür bezahlen, einer Dekarbonisierung der Welt zuzustimmen, ohne dafür zunächst eine eigene Verpflichtung einzugehen. Umgekehrt wird ein solcher Klimaimperialismus aber auch dafür sorgen, diese zwangsmissionierten Länder durch eine wachsende finanzielle Abhängigkeit dauerhaft erpressbar zu halten und dort jede gegenteilige Meinungsbildung zu verhindern.

Wenn wir dann zum Stand 1. Juni 2019 noch etwas weiter in Wikipedia herumstöbern, treten dort weitere interessante Zusammenhänge zutage. Die nachfolgenden Wikipedia-Zitate mit Hervorhebungen wurden teilweise gekürzt und zusammengefasst:

*Der **Earth Day** wird alljährlich am **22. April** in über 175 Ländern begangen und soll das Bewusstsein für die natürliche Umwelt stärken und dazu anregen, die Art des Konsumverhaltens zu überdenken.*

*Und **Wladimir Iljitsch Uljanow, genannt Lenin**, wurde nach dem Gregorianischen Kalender **22. April 1870** in Simbirsk geboren.*

*Nach der gescheiterten UN-Klimakonferenz in Kopenhagen 2009 lud der bolivianische Präsident Evo Morales zum Internationalen Tag der Mutter Erde 2010 und **zu einer alternativen Weltkonferenz der Völker über den Klimawandel und die Rechte von Mutter Erde** ein.*

*In seiner Eröffnungsrede benannte Präsident Morales das **kapitalistische System als Hauptursache für das Ungleichgewicht auf der Erde**, da der Planet und seine Bewohner unter dem grenzenlosen Wachstumszwang leiden würden. In 17 Arbeitsgruppen, die in überfüllten Hörsälen tagten, wurde ein zehnseitiges „Abkommen der Völker" erarbeitet. **Als einer der Hauptverursacher des Klimawandels wird der Agrarsektor benannt, der Lebensmittel für den Markt, aber nicht für die Ernährung aller Menschen produziere. Die Industrieländer werden aufgefordert, ihren CO_2-Ausstoß bis 2020 zu halbieren und sechs Prozent ihres jährlichen Haushalts in einen Weltklimafonds einzuzahlen.** Unternehmen und Regierungen sollen **vor einem zu gründenden Weltklimagerichtshof verklagt werden können**. Gemeinsam von Regierungen, Umweltorganisationen und Gewerkschaften soll ein weltweites Referendum zum Umweltschutz organisiert werden. ... **Der „Tag der Erde" heißt seitdem „Internationaler Tag der Mutter Erde".***

***Movimiento al Socialismo** (MAS; más bedeutet auf Spanisch „mehr") **ist der Name einer linksgerichteten Partei in Bolivien**, die von Evo Morales angeführt wird. Sie stellt mit Evo Morales seit Ende 2005 den Präsidenten von Bolivien.*

Morales war seit 1993 Parlamentsabgeordneter, zuerst für die Izquierda Unida. In den neunziger Jahren gründete er mit Freunden das IPSP (Politisches Instrument für die Souveränität der Völker). Nachdem das Wahlgericht mehrmals eine Aufstellung der Partei bei den Wahlen verhindert hatte, **übernahmen sie mit MAS (Movimento al Socialismo) den Namen einer Partei, die kurz vor der Auflösung stand.** ...

In einem kontroversen Fernsehspot trat ein indigenes bolivianisches Mädchen auf, das die Massen belehrte, dem Gewissen und nicht den Befehlen ihrer „Bosse" folgend zu wählen. (Zitatende Wikipedia)

Es mag also gar nicht verwundern, wenn der Aufstieg der Klimareligion mit dem Fall des Eisernen Vorhangs zusammenfällt. Dabei sind die hier beschriebenen Ereignisse aus mehreren Jahrzehnten für einen „mündigen Bürger" weder in ihrer Entwicklung noch in ihrem Ergebnis als mögliche konzertierte Aktion zu erkennen. Aber im Nachhinein sind diese Zusammenhänge durchaus geeignet, eine „klimakommunistische Verschwörungstheorie" zur globalen Umverteilung des Vermögens der westlichen Industrienationen zu stützen; vielleicht sind die Anbeter von Lenin & Co. ja einfach nur zu Mutter Gaia übergelaufen und feiern deshalb am 22. April jeden Jahres ihre Globalisierungsphantasien...

Denn alle sogenannten wissenschaftlichen Fakten, die diesen globalen Klimavereinbarungen zugrunde liegen, sind falsch:

Der Autor hatte zunächst eigentlich nur zwei grundsätzliche Verständnisprobleme mit dem Paradigma eines menschengemachten Klimawandels und vermisste zudem eine konkrete Angabe. Erstens hatte er den sogenannten „natürlichen atmosphärischen Treibhauseffekt" (THE) zwar als gesichertes wissenschaftliches Wissen hingenommen, aber niemals wirklich verstanden, weil dieser mit dem 2. Hauptsatz der Thermodynamik kollidiert. Und zweitens konnte er die Theorie der sogenannten „Treibhausgase"

(THG) wissenschaftlich nicht nachvollziehen, weil diese „Treibhausgase" gar nicht in der Lage sind, aus sich selbst heraus zusätzliche Energie zu erzeugen. Vielmehr wird hier Energie in Form eines Staffellaufs einfach nur weitergegeben. Oder hat der geschätzte Leser in seinem Haus vielleicht eine reine CO_2-Heizung, die keinerlei Energie verbraucht? - Nein? Wenn CO_2 aber gar nicht heizen kann, dann ist auch das Problem einer „menschengemachten" Klimakatastrophe obsolet. Und schließlich fehlte noch eine wissenschaftliche Angabe über den natürlichen (Paläo-)Anteil am gegenwärtigen Klimawandel. Im Verlauf der Recherchen kam ein weiterer Punkt hinzu: Es gibt in der Wissenschaft gar keinen 97%-Konsens über eine „menschengemachte" Klimakatastrophe.

Es gibt zwei grundsätzliche Herangehensweisen an eine wissenschaftliche Überprüfung, und zwar kann man einerseits annehmen, das betreffende Paradigma sei richtig und überprüft dessen Konsequenzen anhand der Realität; andererseits kann man aber auch die theoretischen Grundlagen dieses Paradigmas mit den gesicherten wissenschaftlichen Gesetzmäßigkeiten abgleichen. Der Autor hatte also zunächst einmal versucht, die Aussagen der Klimawissenschaft aus ihrem eigenen Paradigma heraus nachzuvollziehen und ist dabei zu dem Ergebnis gekommen, dass diese Grundannahmen selbst unter der Voraussetzung ihrer Richtigkeit nicht für den gegenwärtigen Klimaalarm herhalten können:

> Eine behauptete Klimawirksamkeit von CO_2 läge deutlich unter 1 Grad Celsius pro CO_2-Verdoppelung.

> Ein globales CO_2-Budget wäre fortlaufend erneuerbar.

Denn die sogenannten THG können lediglich vorhandene Strahlungsenergie aufnehmen und wieder abgeben, wobei sie nur das abgeben können, was sie vorher bereits aufgenommen hatten; sie sind also nur „Pingpong-Spieler" in einem physikalischen Nullsummenspiel. Weiterhin fordert das Aktualitätsprinzip der Geologie, dass sich die natürlichen (paläo-)klimatischen Gesetzmäßigkeiten im Verlauf der Erdgeschichte nicht willkürlich verändern:

CO_2 ist nicht der natürliche Klimaantrieb auf unserer Erde.

Ein alleiniger solarer Klimaantrieb über die Albedo der Erde ist rechnerisch möglich und wird hier nachfolgend skizziert.

Und schließlich gibt es gar keinen „natürlichen atmosphärischen Treibhauseffekt"; dieses Konstrukt kaschiert lediglich eine grob fehlerhafte Anwendung des physikalischen Stefan-Boltzmann-Gesetzes. Diese Aussage mag den geneigten Leser etwas verstören, daher nachfolgend ein Beispiel aus dem richtigen Leben: Nehmen wir einmal an, Sie gehen regelmäßig in ein Sonnenstudio. Dort macht man Ihnen eines Tages ein tolles Angebot für einen supermodernen Turbobräuner. Sie werden, auf einem Drehteller stehend, langsam gedreht und erhalten dabei von einem stationären Strahler die doppelte Strahlungsmenge wie bisher. Die durchschnittliche Strahlungsmenge über die Gesamtfläche Ihres Körpers bliebe dabei rechnerisch gleich, aber die Bräunungsdauer würde sich bei verdoppelter Strahlung halbieren.

Würden Sie ein solches Angebot tatsächlich annehmen?

Vielleicht würden Sie die Funktionsweise eines solchen Turbobräuners auf das Prinzip eines Hähnchengrills zurückführen, dessen Heizleistung man einfach auf das ganze Hähnchen inklusive seiner Rückseite herunterrechnet. Und daher könnten Sie zu der Erkenntnis gelangen, dass die Temperatur einer doppelt so großen direkten Strahlungsmenge Ihrer Gesundheit nicht ganz zuträglich wäre. Und genauso berechnet man jetzt umgekehrt einen viel zu geringen Wert für die tatsächliche „natürliche" Temperatur unsere Erde. Man verteilt nämlich einfach die tatsächliche Sonneneinstrahlung der Tagseite rechnerisch über die gesamte Erdoberfläche, also auch auf die Nachtseite der Erde. Und dann behauptet man, die Sonne sei gar nicht stark genug, um mit ihrer direkten Einstrahlung die gemessenen Temperaturen auf unserer Erde zu erzeugen und beweist mit diesem „Hähnchentrick" einen vorgeblich „natürlichen atmosphärischen Treibhauseffekt".

Die direkte Sonneneinstrahlung auf unserer Erde kann im äquatorialen Zenit eine Maximaltemperatur von etwa 120°C erzeugen. Abzüglich des durchschnittlich reflektierten Strahlungsanteils und durch eine Mittelung über die gesamte Erde ergeben sich nach herkömmlicher Rechnung aber lediglich -18°C. Bezogen auf den Hähnchengrill, bei dem man ebenfalls die Leistung des Heizstrahlers auf das gesamte Hähnchen inklusive seiner Rückseite herunterrechnet, würde das den Unterschied zwischen einem gegrillten (120°C) und einem tiefgefrorenen (-18°C) Hähnchen ausmachen.

Der grundsätzliche Denkfehler bei der Berechnung einer „natürlichen" Globaltemperatur liegt also in der Verteilung der Sonneneinstrahlung über die gesamte Erdoberfläche. Die Einführung eines ebenfalls fehlerhaften Korrekturfaktors namens „natürlicher atmosphärischer Treibhauseffekt" ergibt also keine korrekte wissenschaftliche Lösung, sondern erzwingt lediglich eine vordergründige Übereinstimmung mit der beobachteten Realität. Es gibt nämlich bis heute kein einziges wissenschaftliches Experiment, das diesen fehlerhaften Korrekturfaktor nachweisen kann.

Und wenn Sie das nächste Mal an einer Grillstube vorbei kommen sollten, dann schauen Sie doch einfach mal 'rein und überzeugen Sie sich selbst...

Der falsche 97%-Konsens in der Wissenschaft

Wir alle sind Individuen, also Einzelfälle. Waren Sie auch schon einmal der Allererste, der sich über irgendetwas beschwert hat? Der Autor konnte die Erfahrung machen, dass ihm in solchen Fällen nach und nach eine ganze Anzahl von weiteren „Erstbeschwerden" bekannt geworden war. Solche „Erstbeschwerden" sind das ultimative Machtmittel der jeweiligen Beschwerdestelle für den Beweis, „von nichts gewusst" zu haben. Wir unterstellen dieser Beschwerdestelle nämlich den Gesamtüberblick über alle eingegangenen Beschwerden, und diese stellt uns dann umgekehrt als Einzelfall an die Wand; denn um vereinzelte „Quertreiber" muss man sich dort ja nicht kümmern...
Oder haben Sie umgekehrt etwa schon einmal gehört, über Ihren Beschwerdegrund hätten sich bereits sehr viele andere beklagt?

Mehrheiten und Minderheiten werden in unserem Alltagsempfinden auch immer mit Bewertungen assoziiert, an denen wir uns intuitiv orientieren. Durch die mediale Vermittlung von solchen Mehrheits- oder Minderheitsmeinungen können wir umgekehrt also gezielt zu einem gewünschten Denken oder Verhalten „angeleitet" werden; schauen Sie im DigitalWiki doch einfach mal unter dem Begriff „Nudging" nach.

Stellen Sie sich nun einmal vor, man würde Ihnen medial vermitteln, dass 97% aller Wissenschaftler den „menschengemachten Klimawandel" bestätigen. Selbstverständlich gehen Sie davon aus, dass eine solche Meldung vorher redaktionell geprüft worden ist. Und Sie werden die dort vielleicht zitierte wissenschaftliche Veröffentlichung ganz bestimmt nicht selber nachrecherchieren.

Aber es gibt in der Wissenschaft gar keinen 97%-Konsens!

Blogartikel: *„Das siebenundneunzig Prozent-Problem: Welcher Konsens?" (U. Weber)*

Erschienen auf KalteSonne am 19. Februar 2015: http://www.kaltesonne.de/das-siebenundneunzig-prozent-problem-welcher-konsens/

Eine englische Übersetzung erschien auf NoTricksZone am 20. Februar 2015: http://notrickszone.com/2015/02/20/german-analysis-97-percent-consensus-does-not-exist-demands-to-end-debate-are-way-off-sides/#sthash.J67G1j00.dpbs

Immer wieder hört und liest man, 97 Prozent aller wissenschaftlichen Arbeiten (manchmal auch aller Wissenschaftler) würden eine vom Menschen verursachte globale Klimaerwärmung bestätigen. Das Consensus Project bezieht sich bei dieser Aussage sogar auf eine veröffentlichte Studie, die genau das nachgewiesen haben will. Die dort zitierte Studie *"Quantifying the consensus on anthropogenic global warming in the scientific literature"* von Cook et al. aus *Environ. Res. Lett. 8 (2013) 024024 (7pp)* weist den 97%-Konsens für „Anthropogenic Global Warming" (AGW) folgendermaßen nach:

- 12.465 wissenschaftliche Arbeiten wurden auf Aussagen zu AGW untersucht
- 4.014 Arbeiten enthielten eigene Positionen zu AGW
- Von diesen 4.014 Arbeiten mit Aussagen zu AGW bestätigen 97% die AGW-Theorie

Der angebliche AGW-Konsens von 97 Prozent wird also als Zirkelbezug innerhalb einer Teilmenge von 4.014 der ursprünglich untersuchten 12.465 wissenschaftlichen Arbeiten berechnet und nicht etwa auf der Basis der Gesamtheit aller Arbeiten. Dieser Rechenansatz ist natürlich völlig absurd und gewinnt dadurch auch keinerlei Aussagekraft. Wenn man denn eine Aussage zu AGW überhaupt in einer solchen Form darstellen kann, dann würde der sogenannte „Konsens" bei korrekter Berechnung also auf eine Quote von lediglich knapp 32% der untersuchten wissenschaftlichen Arbeiten kommen. Dieses knappe Drittel aller 12.465 untersuchten Arbeiten stellt aber gleichzeitig das gesamte Spektrum der Befürworter der AGW-Theorie dar, beinhaltet also auch die sogenannten „Lukewarmer", die einen menschlichen Klimabeitrag durchaus für möglich halten, Katastrophenszenarien für die künftige Klimaentwicklung aber ablehnen.

Für die vorhergesagten globalen Katastrophenszenarien unserer zukünftigen Klimaentwicklung bliebe demzufolge nur noch ein „Konsens" von deutlich weniger als einem Drittel übrig. Und wenn man dann mit diesem Hintergrundwissen einmal ganz kritisch hinsieht, findet man beim Consensus Project sogar die Beschränkung auf die beschriebene Teilmenge richtig dargestellt wieder. Dort heißt es nämlich hinter einem riesigen „97%..." kleingedruckt (mit eigener Hervorhebung),

*„... of published climate papers **with a position on human-caused global warming** agree: GLOBAL WARMING IS HAPPENING – AND WE ARE THE CAUSE",*

also: „97% der veröffentlichten Klima-Artikel **mit einer Position zur menschengemachten globalen Erwärmung** stimmen zu: Die globale Erwärmung geschieht – und wir sind der Grund". Bei einer umfassenden Betrachtung für alle von Cook et al. ausgewerteten wissenschaftlichen Klima-Veröffentlichungen sieht das Ergebnis also ganz anders aus:

- Eine Zweidrittelmehrheit der untersuchten wissenschaftlichen Klima-Arbeiten macht offenbar keine gesellschaftspolitischen Aussagen zu AGW.
- Klimarealisten werden nur mit etwa 1% aller untersuchten Veröffentlichungen durch ihre gesellschaftspolitischen Ansichten gegen AGW auffällig.
- Die Protagonisten von AGW sind dagegen mit knapp einem Drittel von allen untersuchten Veröffentlichungen wesentlich weniger zurückhaltend mit gesellschaftspolitischen Aussagen in wissenschaftlichen Veröffentlichungen.

Ergebnis: Den ominösen und vielzitierten Konsens für eine 97-prozentige Akzeptanz der AGW-Theorie gibt es in der Klimaforschung also gar nicht. Und damit steht die wissenschaftsfeindliche Forderung nach einem „Ende der Klima-Diskussion" moralisch und rechnerisch völlig im Abseits. In der Studie von Cook et al. wird aber der klare Nachweis geführt, dass es im Wesentlichen die Protagonisten einer Klimakatastrophe sind, die gesellschaftspolitische Positionen in wissenschaftliche Arbeiten einbringen. Schließlich wird in der vorliegenden Untersuchung ein Abgleich von konträren gesellschaftspolitischen Positionen in einer subjektiv ausgewählten Teilmenge zum Maßstab für einen angeblichen Konsens in den gesamten Klimawissenschaften gemacht.
Als positives Ergebnis dieser Studie ist immerhin festzuhalten, dass sich in der Klimaforschung noch immer eine „schweigende"

Zweidrittelmehrheit mit ihren wissenschaftlichen Arbeiten aus der gesellschaftspolitischen Diskussion um die Klimakatastrophe heraushält. In der öffentlichen Darstellung der Klimaforschung wird am Ende also die gesellschaftspolitische Meinung einer Ein-Drittel-Minderheit als wissenschaftlicher 97%-Konsens der Mehrheit verkauft.

Vor dem Hintergrund der hier nachgewiesenen „Ein-Drittel-Wahrheit" für den menschengemachten Klimawandel ist es schon sehr eigenartig, dass die sogenannten „Klimaleugner" von Anhängern der Klima-Katastrophe immer wieder mit Leugnern aller Art in einen Topf geworfen werden. Völlig unverständlich wird es aber, wenn in einer offenen wissenschaftlichen Diskussion über die Grundlagen eines befürchteten globalen Klimawandels sogenannten „Klimaleugnern" und „Lukewarmern" gleichermaßen ein „Klima des Hasses" entgegenschlägt (Kalte-Sonne-Beitrag am 3. Februar 2015), und das nicht nur in Großbritannien und den USA. So wurden beispielsweise in einer Broschüre des Umweltbundesamtes von 2013 die Kritiker des menschengemachten Klima-Wandels ganz pauschal als ahnungslos abgestempelt, worauf die WELT titelte, „Eine Behörde erklärt die Klimadebatte für beendet".

Nachspiel: Auf ARD-MONITOR lief am 16. August 2018 eine Sendung mit dem Titel *„Klimawandel und Sommerhitze: Die Gegner machen mobil"*.
Auf dem MONITOR-Forum hatte es danach eine Diskussion mit der Koautorin Bärbel Winkler von Cook at al. (2013) gegeben, die sich in der Folge auf eine „parallele Logik" berief und den Autor zu dem nachfolgenden Artikel veranlasst hatte.

Blogartikel (gekürzt): *„Die „parallele Logik" für eine Dekarbonisierung der Welt" (U. Weber)*

Erschienen auf KalteSonne am 4. September 2018: http://diekaltesonne.de/die-%E2%80%9Eparallele-logik-fur-eine-dekarbonisierung-der-welt/

Ebenfalls erschienen auf EIKE am 6. September 2018: https://www.eike-klima-energie.eu/2018/09/06/die-parallele-logik-fuer-eine-dekarbonisierung-der-welt/

Im Verlauf dieser Diskussion auf dem MONITOR-Forum wurde aus der Vorgehensweise in der Studie *"Quantifying the consensus on anthropogenic global warming in the scientific literature"* von Cook at al. (2013) über einen 97%-Konsens für den vorgeblich menschengemachten Klimawandel (Anthropogenic Global Warming = AGW) eine „parallele Logik" abgeleitet. Diese „parallele Logik" wurde dann als derjenige Hütchentrick entlarvt, mit dem aus einer verketteten Aussage (1)->(2)->(3) die verständnisstiftende Bezugsgröße (2) entfernt wird, um damit dann in der Öffentlichkeit eine „parallele Wahrheit" (1)->(3) verbreiten zu können:

(1) Zunächst wird eine Gruppe als 100%-Gesamtmenge (1) untersucht. Aus der zugrunde liegenden Fragestellung ergeben sich dann mehrere Teilmengen mit einem jeweils einheitlichen Spezifikum, die in ihrer Summe wiederum diese 100% ergeben.

(2) Dann wird eine beliebige Teilmenge (2) mit einem ganz bestimmten Spezifikum ausgegliedert (1)->(2) und als neue 100%-Basis einer näheren Untersuchung unterzogen. Deren prozentuale Unter-Teilmengen beziehen sich dann in Summe ausschließlich auf die ausgegliederte Teilmenge (2).

(3) Am Ende wird für eine dieser Unter-Teilmenge eine Aussage (3) abgeleitet und mit einem Prozentsatz aus der 100%-Teilmengenbasis (2) belegt, wobei der originäre Bezug (1)->(2)->(3) für den Wahrheitsgehalt dieser Aussage von entscheidender Bedeutung ist.

(4) Die aus (1)->(2)->(3) abgeleitete Aussage bleibt also nur so lange wissenschaftlich gültig, wie die „Umetikettierung" in Punkt (2) nicht verloren geht oder unterdrückt wird.

(5) Und jetzt kommt der Hütchentrick der „parallelen Logik" zum Tragen: Früher oder später wird die Aussage (1)->(2)->(3) einfach ohne die zwingende Einschränkung aus (2) direkt mit der ursprünglichen Gesamtmenge aus (1) in Beziehung gesetzt und führt zu einer ganz neuen „parallelen Wahrheit" (1)->(3).

Vergleichen wir nun diese „parallele Logik" mit dem Ergebnis von Cook et al. (2013):

(1) Es wurden die Zusammenfassungen von 11.944 wissenschaftlichen Arbeiten aus der begutachteten wissenschaftlichen Literatur auf Aussagen zu AGW untersucht.

(2) 66,4 Prozent der Zusammenfassungen machten keine Angaben zu AGW und die verbleibenden 32,6 Prozent mit einer Position zu AGW wurden näher untersucht.

(3) Von diesen 32,6% mit Aussagen zu AGW bestätigen 97,1% die AGW-Theorie.

Inzwischen wird das Ergebnis der Studie von Cook et al. (2013) aber öffentlich als 97%-Zustimmung aus der Gesamtmenge der dort untersuchten Klimaartikel und als Beweis für einen wissenschaftlichen 97%-AGW-Konsens verbreitet, so beispielsweise auch von Cook et al. (2016) selbst, wo man in der Kernaussage von allen publizierenden Klimawissenschaftlern spricht.

Die Differenz zwischen Propaganda und Wissenschaft beträgt am Beispiel von Cook et al. (2013) also genau 65,4%, nachfolgend der Beweis mittels konventioneller Logik:

„Parallele Logik" [%]: **(1)->(3)** mit 97,1% Zustimmung ohne Hinweis auf **(2)**

Konv. Logik [%]: **(1)->(2)->(3)** mit 97,1% Zustimmung aus 32,6% (1) = **31,7%**

[97,1% von Cook @Teilmenge(2)] − [31,7% von Cook @Gesamt(1)] = **65,4%**

Die mathematische Analyse verfügt genauso wenig über eine „parallele Logik", wie sich die Wissenschaft selbst eine „höhere Wahrheit" zuschreiben kann. Vielmehr hat sich die Wissenschaft im historischen Rückblick immer mehrheitlich mit demjenigen gesellschaftlichen System arrangiert, in dem sie tätig geworden ist. Die Unterscheidung zwischen Wahrheit und Ideologie unterliegt daher jedem Einzelnen von uns selbst. Man kann also entweder selbständig nachdenken, oder man muss eben alles glauben, was einem so erzählt wird.

Merke: *„Wer nichts weiß, muss alles glauben"*

(Marie von Ebner-Eschenbach)

Anmerkung (2019): Die Zahl der untersuchten wissenschaftlichen Arbeiten bei Cook at al. (2013) wird im ersten Artikel (2015) mit 12.465 und im zweiten Artikel (2018) mit 11.944 angegeben. Beim Herausgeber, Environmental Research Letters, heißt es: *"Corrections were made to this article on 31 May 2013. A data file was added to the supplementary data. Further corrections were made on 30 October 2013. A link to further supporting data was added"*. Der Autor kann nicht ausschließen, für den Artikel von 2015 auf eine frühe Version von Cook et al. (2013) zugegriffen zu haben, was aber nichts an der Aussage beider Artikel ändert.

Ein globales CO_2-Budget wäre fortlaufend erneuerbar

Blogartikel: *„Prozentrechnung müsste man können: Das en(t)liche CO_2-Budget"* *(U. Weber)*

Erschienen auf KalteSonne am 29. April 2017:
http://diekaltesonne.de/prozentrechnung-musste-man-konnen-das-entliche-co2-budget/

Auf dem Internetblog „Klimalounge" war am 11. April 2017 ein Artikel mit dem Titel „Können wir die globale Erwärmung rechtzeitig stoppen?" erschienen. Mit der Aussage, ein befürchteter Temperaturanstieg von 1,5 bis 2 Grad erlaube nur noch ein globales CO_2-Budget von 150 bis 1050 Gigatonnen (Gt), wird dann über Ausstiegsszenarien aus den kohlenstoff-basierten fossilen Energieträgern schwadroniert. Dort wird behauptet, das Temperaturniveau, auf dem die globale Erwärmung später zum Halten käme, wäre in guter Näherung proportional zu den kumulativen CO_2-Emissionen und um die globale Erwärmung zu stoppen, müssten noch vor 2050 globale Nullemissionen für CO_2 erreicht werden.

Aber selbst dann, wenn man an einen menschengemachten Klimawandel durch die Nutzung fossiler Energien glaubt, sollte man sich nicht gleich ins Bockshorn jagen lassen. Denn es schadet vom wissenschaftlichen Standpunkt her sicherlich nicht, die der dortigen Argumentation zugrunde liegende und nachfolgend abgebildete IPCC-Grafik einmal näher zu betrachten und mit zusätzlichen Fakten abzugleichen:
Die Klimawirksamkeit von CO_2 wird üblicherweise als „Klimasensitivität" in Grad pro Verdoppelung angegeben. Das IPCC gibt dafür

eine Spanne von 1,5 bis 4,5 [° / 2xCO$_2$] an. Der ursprüngliche vorindustrielle atmosphärische CO$_2$-Gehalt soll 280 ppm betragen haben. Bis zum Jahre 2015 hatte der Mensch aus der Nutzung fossiler Energieträger etwa 1400 Gt CO$_2$ zusätzlich in die Atmosphäre eingebracht (Quelle) und damit den CO$_2$-Gehalt der Atmosphäre auf 400 ppm erhöht. Hier die IPCC-Abbildung aus dem Klimalounge-Artikel vom 11. April 2017:

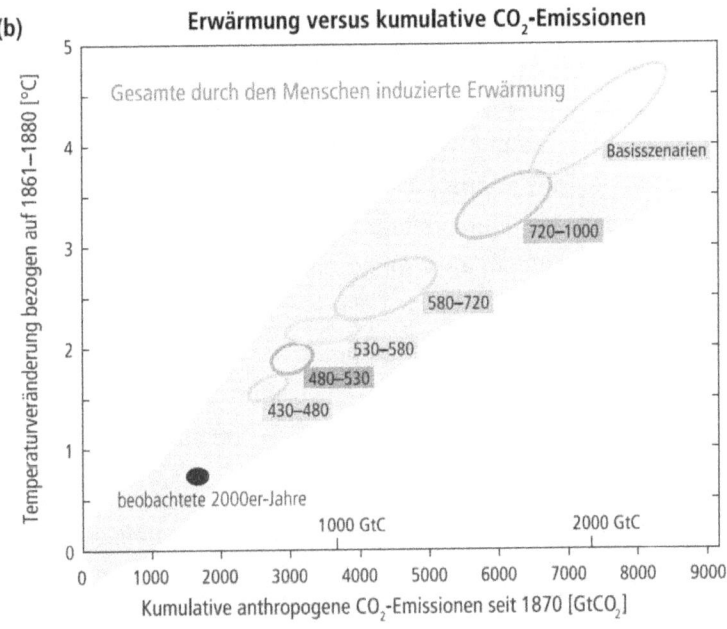

[Eingefügte Quellenangabe 2019: IPCC, Abb. SPM.5b aus dem AR5 (2014) SYR]

Der dortige Text zu dieser Abbildung, Zitat: *„Zusammenhang von kumulativen CO$_2$-Emissionen und globaler Erwärmung. Die Zahlen an den „Blasen" geben die in den verschiedenen Szenarien erreichte CO$_2$-Konzentration in der Atmosphäre an. Die auf der vertikalen Achse angegebene Temperatur gilt zu dem Zeitpunkt, an dem die auf der horizontalen Achse angegebene Emissionsmenge erreicht* *wird. Das heißt: die noch folgende weitere Erwärmung allein aufgrund der thermischen Trägheit im System ist hier noch nicht einkalkuliert. Quelle: IPCC Synthesebericht (2014)."*

Die Aussagen über das verbleibende globale CO_2-Budget basieren offenbar auf dem Blasenwert aus der obigen IPCC-Grafik mit (480-530 ppm = 3.000 Gt CO_2 = 1,75-2,0 dT °C). Vergleichen wir diese Werte einmal mit den oben aufgeführten zusätzlichen Fakten: Der vorindustrielle CO_2–Gehalt in unserer Atmosphäre soll 280 ppm oder 0,028% betragen haben. Für den Zeitraum zwischen 1900 und 2015 summiert sich der anthropogene CO_2-Eintrag auf insgesamt etwa 1400 Gigatonnen (Gt) und hatte zu einer Erhöhung des atmosphärischen CO_2-Gehaltes um 0,012% auf 0,040% oder 400 ppm geführt. Zwischen dem anthropogenen CO_2-Ausstoß und dem atmosphärischen CO_2-Gehalt ergibt sich also folgender Zusammenhang:

(1) X Gt CO_2 = 280 ppm

  mit X = „natürliche" atmosphärische CO_2-Menge [Gt CO_2]

(2) X Gt CO_2 + 1.400 Gt CO_2 = 400 ppm

(3) = (2) – (1) 1.400 Gt CO_2 = 120 ppm

Die ursprüngliche atmosphärische CO_2-Gesamtmenge „X [Gt CO_2]" ergibt sich dann aus den Zeilen (1) und (3) mit einem einfachen Dreisatz zu:

X Gt CO_2 = 280 ppm x 1.400 Gt CO_2 / 120 ppm = 3.200 Gt CO_2

Wir können aus dem IPCC-Blasenwert mit (480-530 ppm = 3.000 Gt CO_2 = 1,75-2,0 dT °C) einmal ganz vorsichtig eine mittlere CO_2-Konzentration von 510 ppm für einen maximalen anthropogenen Temperaturanstieg unter 2 Grad entnehmen. Diese 510 ppm entsprechen dann knapp 6.000 Gt CO_2. Abzüglich der natürlichen atmosphärischen CO_2-Menge ergibt sich daraus also ein ursprüngliches globales Emissionsbudget von 2.800 Gt CO_2 für eine Temperaturerhöhung unter 2 Grad, das sogar noch um 200 Gt CO_2 kleiner ist, als im IPCC-Bubble angegeben wird. Von diesem ursprünglich verfügbaren globalen CO_2-Budget von 2.800 Gt CO_2 wären bereits 1.400 Gt CO_2 „verbraucht". Dieser Wert stimmt übrigens auch recht gut mit den Angaben der Bundeszentrale für politische Bildung überein, nach denen sich die Konzentration von CO_2 seit Beginn der Industrialisierung um ca. 40 Prozent erhöht haben soll. Nach der hier durchgeführten Abschätzung würde eine Erhöhung des vorindustriellen atmosphärischen CO_2-Gehaltes auf 510 ppm also weitere 1.400 Gt CO_2 (=2.800 Gt CO_2– 1.400 Gt CO_2) erfordern, um nach der oben abgebildeten IPCC-Grafik schließlich eine atmosphärische Temperaturerhöhung von insgesamt etwa 1,75-2,0 °C auszulösen. Bei einem weltweiten jährlichen CO_2-Ausstoß von konstant 30 Gigatonnen würde es ab dem Jahre 2015 dann noch etwa 45 Jahre bis zu einem angeblich anthropogen verursachten Temperaturanstieg von insgesamt knapp 2 Grad Celsius dauern, also etwa bis zum Jahre 2060.

Die Aussage über eine kumulative Wirkung von CO_2 zur Bemessung des verfügbaren CO_2-Budgets in dem zitierten Klimalounge-Artikel ist aber nur insoweit korrekt, wie sich dieses CO_2 auch noch in der Atmosphäre befindet. Das anthropogene CO_2 hat in unserer Atmosphäre nämlich eine Verweildauer von nur etwa 120 Jahren (hier unter dem Stichwort „Kohlendioxid").

Anmerkung (2019): Die hier verlinkte Angabe des Umweltbundesamtes hat sich zwischenzeitlich ohne Begründung von „*120 Jahren*" auf „*bis zu 1000 Jahre*" verachtfacht. Sie werden die CO_2-Verweildauer von 120 Jahren im Internet finden, wenn Sie nach „Verweildauer CO_2" oder „CO_2-Budget" suchen - allerdings nicht im IPCC-1,5°C-Report, der wiederum von „kumulativen CO_2-Emissionen" spricht...

Das globale CO_2-Budget ist also gar nicht kumulativ, sondern fortlaufend „erneuerbar"!

Mit dieser Verweildauer von etwa 120 Jahren für das anthropogene CO_2 in unserer Atmosphäre beträgt das fortlaufende globale CO_2-Budget für den anthropogenen CO_2-Ausstoß also etwa 2.800 Gt CO_2 pro 120 Jahre.

Damit dürfte dann ein vorgeblich menschengemachter Temperaturanstieg sicher unter 2 Grad bleiben. Wir haben also eigentlich bis zum Jahre 2060 Zeit, um den anthropogenen CO_2-Ausstoß auf jährlich 23 Gigatonnen (=2.800 Gt CO_2 / 120 Jahre) zu begrenzen und damit das ominöse 2-Grad Ziel dauerhaft zu abzusichern. Von Null-Emissionen ab 2050 kann also selbst dann keine Rede sein, wenn man tatsächlich an einen menschengemachten Klimawandel durch CO_2-Emmissionen glauben will.

Ein globales CO_2-Budget von jährlich etwa 23 Gigatonnen CO_2 würde vielmehr die befürchtete menschengemachte Klimaerwärmung dauerhaft unter 2 Grad halten.

Die Dekarbonisierung der Welt erweist sich damit zum wiederholten Male als eine völlig unnötige Selbstkasteiung der Menschheit. Und aufgrund dieser religiös anmutenden Agenda will die westliche Welt jetzt freiwillig ihre kohlenstoff-basierte Lebensgrundlage zerstören und unseren daraus resultierenden Lebensstandard vernichten. Offen bleibt nur, ob das zustimmende Schweigen einer gesellschaftlichen Mehrheit in den von einer globalen Dekarbonisierung bedrohten westlichen Industrienationen auf einem übersättigten Desinteresse, einer verkümmerten individuellen Kritikfähigkeit oder auf mangelhaften Kenntnissen in der Prozentrechnung beruht...

# CO_2 ist nicht der natürliche globale Klimaantrieb

Wissenschaftliche Veröffentlichung: WEBER, U.O. (2016): *„About the Natural Climate Driver"* aus den Mitteilungen der Deutschen Geophysikalischen Gesellschaft 2/2016: 9-11

Deutsche Übersetzung: *„Über den natürlichen Klimaantrieb"*

Zusammenfassung

Klimacomputermodelle unterscheiden in ihren Berechnungen nicht zwischen natürlichem und anthropogenem Klimaantrieb. Sporadisch wird in wissenschaftlichen Arbeiten versucht, Kohlenstoffdioxid (CO_2) als vorherrschenden natürlichen Klimaantrieb einzuführen. Eine Analyse von Paläoklima-Temperatur-Proxys mit der zugeschriebenen maximalen Klimasensitivität von Kohlenstoffdioxid führt zu dem Ergebnis, dass CO_2 die natürliche (Paläo-) Klimavariabilität nicht verursacht haben kann. Eine weitere IPCC-konforme Berechnung mit historischen Daten für die Temperatur und den atmosphärischen CO_2-Gehalt ermittelt die Klimasensitivität von CO_2 in etwa bei ihrem veröffentlichten Mindestwert, was zu dem Ergebnis führt, dass CO_2 nicht der dominierende natürliche Klimaantrieb sein kann.

Klimaantrieb

Mehr als dreißig Jahre intensiver Klimaforschung haben in Zukunftsklimamodellen noch nicht zu einer Trennung zwischen natürlichem und anthropogenem Klimaantrieb geführt. In den Geowissenschaften werden die Veränderungen des Paläoklimas seit KÖPPEN & WEGENER (1924) auf die Variationen der Erdumlaufbahn (Milankovic´-Zyklen) zurückgeführt. Der geringe Anteil der absoluten Solarenergie-Varianz während dieser Umlaufzyklen kann jedoch nicht den Betrag solcher Paläoklima-Variationen erklären, während im Frequenzbereich eine zwingende Korrelation besteht. Nur sekundäre Kräfte wie der Eis-Albedo-Effekt könnten die Größenordnung der globalen Temperaturänderung in den vergangenen Eiszeiten rechnerisch erklären (WEBER 2o15). Die Sequenzstratigraphie, die in den letzten Jahrzehnten etabliert wurde, betrachtet die Milankovic´-Zyklen als dominanten Faktor und hat sich als zuverlässiges geologisches Werkzeug für das Verständnis sedimentärer Prozesse erwiesen. Sporadisch wird in wissenschaftlichen Arbeiten versucht, CO_2 als vorherrschenden natürlichen Klimaantrieb einzuführen, so auch kürzlich SHAKUN et al. (2o15), deren eigene Frequenzanalyse einer „Eisvolumen-CO_2-Gewinn-Funktion" die enge Korrelation zwischen Paläoklima- und Orbitaländerungen bestätigt. In dem folgenden Ansatz wird der effektive Einfluss des CO_2-Antriebs auf die Klimavariabilität der Erde anhand von Temperaturproxys und gemessenen Daten untersucht.

Der Beitrag von CO_2 zur Klimagenese

Das Zwischenstaatliche Gremium für Klimaänderung (IPCC 2oo1) beschreibt den Klimasensitivitätsparameter von CO_2 (globale mittlere Oberflächentemperaturantwort ΔTs auf den Strahlungsantrieb ΔF) für das Temperaturäquivalent des Strahlungs-CO_2-Antriebs wie folgt:

(1) $\Delta F = \alpha \times \ln(C/C_0)$.

Hinweis: Die Funktion „ln" wird in den Formeln (3) bis (6) durch „$\log_2$" bzw. „2^" ersetzt, da diese Formel den Effekt der Verdopplung (des atmosphärischen CO_2-Gehalts) beschreibt.

Mit α = 5.35 W/m² and $\Delta Ts/\Delta F = \lambda$ = 0.5 °C/W/m² (IPCC 2oo1) erhält man:

(2) $\Delta Ts = \lambda \times \alpha \times \ln(C/C_0)$ [°C].

Aus der IPCC-Formel (2) können wir das Produkt ($\lambda \times \alpha$) [°C] als die Klimasensitivität von CO_2 für den Temperatureffekt von Änderungen seines atmosphärischen Gehalts verstehen. Der Temperatureffekt des beliebigen atmosphärischen CO_2-Gehalts „C" auf die globale mittlere oberflächennahe Temperatur bei dem vorindustriellen atmosphärischen CO_2-Gehalt C_0 von 280 ppm kann dann durch die Gleichung dargestellt werden:

(3) $\Delta T = CS_{CO2} \times \log_2(C/C_0)$

mit CS_{CO2}: Klimasensitivität von CO_2 [°C]
und den CO_2-Gehalten C and C_0 [ppm].

Abschätzung für einen alleinigen CO_2-Paläoklimaantrieb

Die Formel (3) kann für den CO_2-Gehalt aufgelöst werden, um damit dann über die Vostok-Temperatur-Proxy-Daten den erforderlichen theoretischen atmosphärischen Paläo-CO_2-Gehalt „C" für einen alleinigen CO_2-Paläoklimaantrieb zu berechnen:

(4) $C = 2\wedge(\Delta T/CS_{CO2}) \times C_o$

mit ΔT: Vostok temperature proxies (°C),

CS_{CO2} = 4.5 °C: Klimasensitivität von CO_2,

CO_2-Gehalte C and C_o [ppm], und C_o = 280 ppm.

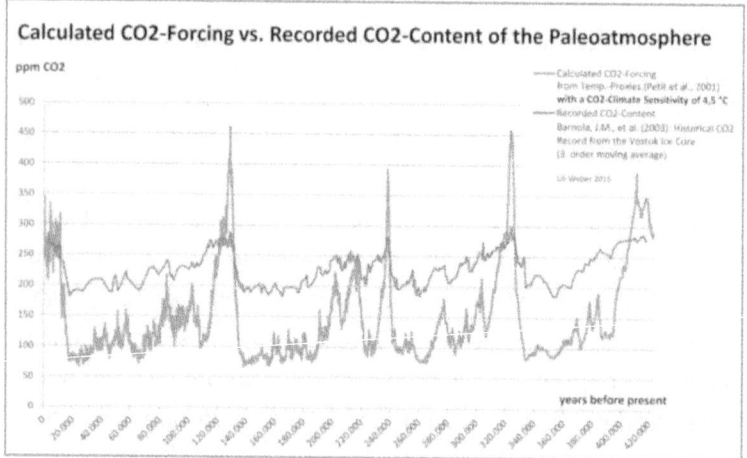

Abb. 1: Berechneter CO_2-Antrieb für die Temperatur-Proxys (blau [=Kurvenverlauf zwischen 65 und 460 ppm]*) aus den Vostok-Eiskernen und der gemessene CO_2-Gehalt (rot* [=Kurve mit 180 bis 300 ppm]*)*

In Abbildung 1 wurde die Klimasensitivität von CO_2 bei einem maximalen IPCC-Wert von 4,5 °C für eine Verdoppelung des atmosphärischen CO_2-Gehalts (IPCC 2013: 1,5 °C bis 4,5 °C mit hoher Sicherheit) auf die Vostok-Temperatur-Proxys von PETIT et al. (2001) angewendet, beginnend mit dem vorindustriellen CO_2-Gehalt von 280 ppm für das 0 °C Temperatur-Proxy. Der berechnete paläoatmosphärische CO_2-Gehalt wird durch die blaue Kurve dargestellt und repräsentiert den theoretisch erforderlichen CO_2-Gehalt für einen alleinigen CO_2-Paläoklimaantrieb für die vorgegebenen Temperatur-Proxy-Daten. Das rote Diagramm zeigt den gemessenen CO_2-Gehalt der Paläoatmosphäre von BARNOLA et al. (2oo3). Es zeigt sich, dass ein theoretischer CO_2-Antrieb, der aus den Vostok-Temperaturproxys abgeleitet wird, weitaus größere CO_2-Anteile der Paläoatmosphäre erfordert (ca. 65 bis 46o ppm) als die tatsächlich gemessenen atmosphärischen CO_2-Werte (ca. 18o bis 3oo ppm).

Realistischere kleinere Werte in Richtung des minimalen IPCC-Werts von 1,5 °C für die Klimasensitivität von CO_2 würden zu einer noch größeren berechneten CO_2-Varianz führen. Rückgerechnet auf den gemessenen Paläo-CO_2-Gehalt würde ein CO_2-Antrieb mit einer Klimasensitivität von 4,5 °C zu einer Temperaturvarianz zwischen −2,87 °C (bei 18o ppm) und +0,45 °C (bei 300 ppm) für die letzten 42o.ooo Jahre führen; im Vergleich zu den Vostok-Minimum- / Maximum-Temperatur-Proxys im Bereich von −9,39 bis +3,23 °C. Eine Auflösung der oben angegebenen IPCC-Konformitätsgleichung (3) bezüglich der CO_2-Klimasensitivität CS_{CO2} ergibt:

(5) $\quad CS_{CO2} = \Delta T / \log_2(C/C_o)$ (°C).

Diese Formel ermöglicht eine Neuberechnung der CO_2-Klimasensitivität für einen alleinigen CO_2-Antrieb der Paläoatmosphäre aus den Vostok-Temperatur-Proxys. Aufgrund der Unsicherheiten der Kombination der Datenpaare (Vostok-Temperatur-Proxys zu paläo-atmosphärischem CO_2-Gehalt) und der Division durch kleine Zahlen ergibt sich eine recht große Abweichung zwischen den Ergebnissen für die oben angegebenen Minimal- / Maximalwerten (18o ppm bei - 9.39 °C = 14.7 °C bzw. 3oo ppm bei +3.23 °C = 32.5 °C), während der Durchschnitt des gesamten Datensatzes eine mittlere Klimasensitivität von 16.7 °C ergibt. Daher wäre eine CO_2-Klimasensitivität von etwa 16 °C erforderlich, um die Vostok-Temperaturänderungen aus einem alleinigen Klimaantrieb durch den paläoatmosphärischen CO_2-Gehalt zu erklären. Eine solche Klimasensitivität von CO_2 liegt weit außerhalb des vom IPCC vorgegebenen Vertrauensbereichs (2o13: 1,5 bis 4,5 °C mit hoher Sicherheit), was beweist, dass CO_2 nicht der dominierende natürliche Klimaantrieb sein kann.

Abschätzung für den menschlichen Klimaeinfluss

Nach verschiedenen Berichten des IPCC ist CO_2 der vorherrschende anthropogene Klimaantrieb. In der Zeit zwischen 188o und 2o12 stieg der atmosphärische CO_2-Gehalt durch anthropogene Quellen vom vorindustriellen Wert von 28o auf 394 ppm (NOAA). Gemäß Formel (3) kann die globale Erwärmung seit Beginn der Industrialisierung durch einen alleinigen anthropogenen CO_2-Antrieb berechnet werden. Die Anwendung des minimalen IPCC-Wertes von 1,5 °C für die Klimasensitivität von CO_2 (IPCC 2o13: 1,5 bis 4,5 °C) auf die gegebenen Daten (28o ppm CO_2 bei o °C und 394 ppm CO_2 bei ΔT) führt zu einem globalen Temperaturanstieg von o.74 °C:

(6) $\quad \Delta T = 1.5 \times \log_2 (C = 394 \text{ ppm}/C_o = 280 \text{ ppm}) = 0.74$ °C

(berechneter Temperaturanstieg seit 188o).

Für den gleichen Zeitraum meldet das IPCC (2o14) einen Anstieg der global gemittelten Oberflächentemperatur von o.85 °C. Hier muss klargestellt werden, dass der gemeldete Temperaturanstieg den gesamten anthropogenen Antrieb und dessen atmosphärische Rückkopplung sowie zusätzlich die Auswirkungen von Aerosolen und Kühlung durch Rußpartikel, die hauptsächlich an die Erzeugung von CO_2 gebunden sind, umfassen muss. Die Differenz von 13% zwischen dem berechneten Temperaturanstieg durch einen alleinigen CO_2-Antrieb und dem vom IPCC (2o14) angegebenen effektiven Temperaturanstieg schließt den Klimaantrieb durch geringfügige anthropogene Treibhausgase (IPCC 2oo1) und deren atmosphärische Rückkopplung ein. Das oben berechnete Ergebnis bestätigt in einem ersten Ansatz die effektive CO_2-Klimasensitivität um das vom IPCC angegebene Minimum.

Natürlicher und menschengemachter Klimaantrieb

Paläoklima-Proxy-Daten belegen, dass der natürliche Klimaantrieb durch die Sonneneinstrahlung in der geologischen und historischen Vergangenheit nie konstant war. Und weil der natürliche Klimaantrieb bis heute andauert und auch in Zukunft andauern wird, kann der Temperaturwechsel seit der Industrialisierung nicht allein eine anthropogene Ursache haben. Infolgedessen müssen zu jedem Zeitpunkt t nach der Industrialisierung sowohl natürliche als auch anthropogene Kräfte zum globalen Klima $C_{WW}(t)$ beigetragen haben:

(7) $\quad C_{WW}(t) = F(F_N(t) + \Delta F_A(t))$

mit $F_N(t)$: Natürlicher Klimaantrieb
und $\Delta F_A(t)$: Anthropogener Klimaantrieb (= o bei t < Jahr 185o).

Selbst wenn die Menschheit künftig ihren aktiven Beitrag zum Klimaantrieb einstellen würde, könnten solche globalen wirtschaftlichen Anstrengungen niemals zu einem konstanten natürlichen Klima auf der Erde führen oder künftige Klimaveränderungen verhindern. Die oben angegebene Schätzung für die effektive Klimasensitivität von CO_2, abgeleitet aus Formel (6), enthält immer noch die Änderung des natürlichen Klimaantriebs seit Beginn der Industrialisierung. Das Endergebnis für die objektive Fähigkeit von CO_2, das Klima zu verändern, ergibt sich dann als Untergrenze des IPCC (2o13), vermindert um die tatsächliche Veränderung des natürlichen Klimaantriebs zwischen den Jahren 188o und 2o12.

Ergebnis

Aus dem vorgestellten Ansatz zur Fähigkeit von Kohlendioxid (CO_2), das Klima zu beeinflussen, folgt schlüssig, dass CO_2 nicht der primäre natürliche Klimaantrieb sein kann. Selbst eine maximale Klimasensitivität von 4,5 °C nach IPCC konnte die paläoklimatischen Variationen nicht erklären. Der gemessene Anstieg von Temperatur und atmosphärischem CO_2-Gehalts seit Beginn der Industrialisierung führt zu einer effektiven Klimasensitivität von CO_2 bei etwa dem vom IPCC vorgegebenen Mindestwert (1,5 °C). Die Veränderung des natürlichen Klimaantriebs seit der Industrialisierung ist in diesem Ansatz bereits enthalten und verringert die Klimasensitivität von CO_2, wobei der tatsächliche Anteil unter dem veröffentlichten Minimum liegt. Die Klimawissenschaften werden ernsthaft aufgefordert, sich mit der Erforschung des natürlichen Klimaantriebs zu befassen. Nur eine quantitative Trennung zwischen natürlichem und anthropogenem Klimaantrieb würde in Zukunft glaubwürdige Klimamodelle ermöglichen.

Danksagung

Der Autor dankt der DGG-Redaktion für Verbesserungen im Manuskript und die freundliche Unterstützung bei dessen Anpassung an das DGG-Publikationsformat.

Literatur

• BARNOLA, J.-M., RAYNAUD, D., LORIUS, C. & BARKOV, N.I. (2003): *Historical CO2 record from the Vostok ice core.* – In: Trends: A Compendium of Data on Global Change. Oak Ridge (Carbon Dioxide Information Analysis Center, Oak Ridge National Laboratory, U.S. Department of Energy).

• IPCC (2001): *Radiative Forcing of Climate Change 2001 – The Scientific Basis.* – <www.grida.no/climate/ipcc_tar/wg1/pdf/TAR-06.pdf >: 354, Tab. 6.2.

• IPCC (2013): *Climate Change 2013 – The Physical Science Basis – Summary for Policymakers.* – < www.ipcc.ch/pdf/assessmentreport/ar5/wg1/WGIAR5_SPM_brochure_en.pdf >: Climate Sensitivity of CO_2 – D.2 Quantification of Climate System Responses.

• IPCC (2014): *Climate Change 2014 – Synthesis Report – Summary for Policymakers.* – < www.ipcc.ch/pdf/assessment-report/ar5/syr/AR5_SYR_FINAL_SPM.pdf >: SPM 1.1 Observed changes in the climate system.

• KÖPPEN, W. & WEGENER, A. (1924): *Die Klimate der geologischen Vorzeit.* – Berlin (Bornträger).

• NOAA Global Greenhouse Gas Reference Network: *Trends in Atmospheric Carbon Dioxide Mauna Loa Recent Monthly Average CO2.* – < www.esrl.noaa.gov/gmd/ccgg/trends/ >.
Last access:2015-12-11.

• PETIT, J.R., et al. (2001): *Vostok Ice Core Data for 420,000 Years.* – IGBP PAGES/World Data Center for Paleoclimatology. Data Contribution Series #2001-076, NOAA/NGDC Paleoclimatology Program; Boulder.

• SHAKUN, J.D., CLARK, P.U., HE, F., LIFTON, N.A., LIU, Z. & OTTOBLIESNER, B.L. (2015): *Regional and global forcing of glacier retreat during the last deglaciation.* – Nature Communications, 6: 8059, doi: 10.1038/ncomms9059.

• WEBER, U. (2015): *An albedo approach to paleoclimate cycles.* – Mitteilungen der Deutschen Geophysikalischen Gesellschaft, 3/2015: 18-22.

Ein natürlicher Albedo-Antrieb erklärt die globale Klimagenese

Wissenschaftliche Veröffentlichung: WEBER, U.O. (2015): *„An Albedo Approach to Paleoclimate Cycles"* aus den Mitteilungen der Deutschen Geophysikalischen Gesellschaft 3/2015: 18-22

Deutsche Übersetzung: *„Ein Albedo-Ansatz zur Erklärung der paläoklimatischen Zyklen"*

Zusammenfassung

Der Beitrag der Sonneneinstrahlung zu markanten Änderungen der Durchschnittstemperatur der Erde wird durch globale Klimacomputermodelle stark in Frage gestellt, obwohl ein enger Zusammenhang zwischen den Frequenzen paläoklimatischer Änderungen aus Temperatur-Proxy-Reihen und der Variabilität der Milankovic´-Umlaufbahnzyklen der Erde besteht. Die sphärische Albedo der Erde könnte Veränderungen des Paläoklimas erklären, wenn sie durch Variationen der natürlichen Sonneneinstrahlung in hohen Breiten durch Änderungen der Umlaufbahnparameter der Erde moduliert würde. Die aktuelle Albedo von $a = 0.3016$ repräsentiert die tatsächliche Flächenverteilung von Landmassen, Ozeanen, Grünland, Wüsten, Bergen und Eisflächen sowie eine gemittelte Wolkendecke. Diese Veröffentlichung zeigt, dass mit Variationen der Erdalbedo zwischen 0,2801 und 0,3640 die Variabilität der Vostok-Temperaturproxys dargestellt werden kann.

Paläoklimatische Schwankungen

Die in Abbildung 1 dargestellten resampleten Proxy-Temperaturen aus den Vostok-Eiskernen (PETIT et al. 2001) zeigen eine Schwankung zwischen +3,23 und -9,39 °Celsius gegenüber der Temperatur von 0 °C im Jahr 0 nach der Probenahme. Diese Temperatur-Proxy-Reihen zeigen zu keinem Zeitpunkt ein „natürliches" konstantes globales Temperaturniveau an. Der Kurventrend zeigt ein aktuelles kurzfristiges Klimaoptimum und deutlich niedrigere globale Temperaturen in den vergangenen 420.000 Jahren (yr).

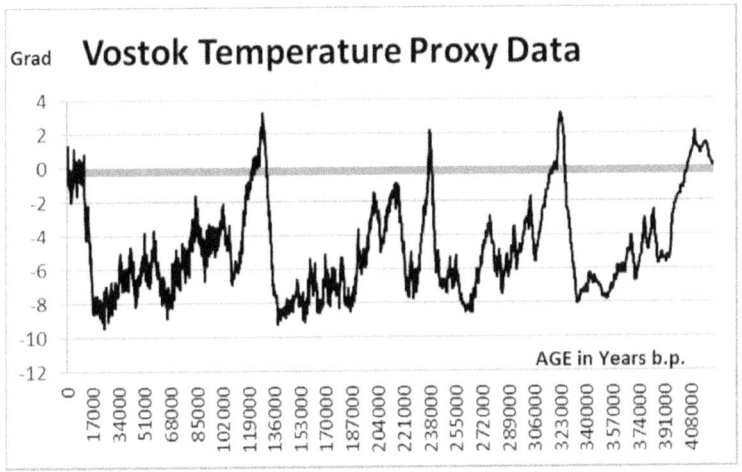

Abb. 1: Isochron resampelte Proxy-Temperaturen aus den Vostok-Eisbohrkerndaten (PETIT et al. 2001); Temperaturen in Kelvin (K)

Auf den ersten Blick können in den Vostok-Temperatur-Proxys drei verschiedene Paläoklima-Phasen identifiziert werden: Die Vostok-Temperatur-Proxys zeigen ein aktuelles Klimaoptimum für die letzten 12.000 Jahre in Bezug auf die aktuelle globale Durchschnittstemperatur. Aus den letzten vier Eiszeitzyklen kann abgeleitet werden, dass die Dauer eines solchen Optimums im Durchschnitt etwa 10.000 bis 15.000 Jahre beträgt und mit einem Abfall auf eine mittlere Temperatur zwischen -2 und -6 °C für einen Zeitraum von 50.000 Jahren endet. Auf diese Ära folgt schließlich eine weitere Periode von etwa 50.000 Jahren mit einem Rückgang auf -4 bis -8 °C gegenüber der aktuellen Temperatur. Ein solcher vollständiger Eiszeitzyklus dauert dann etwa 115.000 Jahre, während die Durchschnittstemperatur der gesamten Vostok-Temperatur-Proxy-Reihe einen Mittelwert von etwa -4,5 °C beträgt.

These: *Wenn wir die Vostok-Temperatur von 0 °C auf die tatsächliche globale oberflächennahe Mitteltemperatur der Erde (NST) von 14,83 °C einstellen, erhalten wir eine Variabilität der absoluten Vostok-Proxy-Temperaturen zwischen 5,44 und 18,06 °C um eine Vostok-Durchschnittstemperatur (V_{MT}) von 11,75 °C. Als erster paläoklimatischer Ansatz schwankten die Vostok-Proxy-Temperaturen (V_{PT}) in den letzten 420.000 Jahren (t) um die aktuelle globale Durchschnittstemperatur (NST) mit*

$$V_{PT}(t) = NST + 3{,}23\ °C\ /\ -9{,}39\ °C.$$

Die zu diskutierende Frage ist die Ursache des Klimaantriebs für solche Temperaturschwankungen in der Vergangenheit.

Möglicher Primärantrieb für paläoklimatische Schwankungen

Es konnten vier Arten des Klimaantriebs identifiziert werden, um mögliche Veränderungen der globalen Durchschnittstemperatur im Verlauf des Paläoklimas zu erklären:

• Zyklische Veränderungen der natürlichen Sonneneinstrahlung selbst,

• Zyklische Änderungen der Sonneneinstrahlung durch die Erdorbitalvariationen,

• Primäre terrestrische Energiequellen

- Der natürliche Treibhauseffekt (NGE), der durch sogenannte klimawirksame Gase, vorwiegend Wasser, Kohlendioxid und Methan angetrieben wird, die wiederum durch die Infrarot-Rückstrahlung der Erdoberfläche und der globalen Zirkulationen gespeist werden.

Die natürliche Sonnenstrahlung zeigt nur eine Variabilität von ungefähr 0,1%, d. h. ungefähr 1,4 W / m². SCHWARZ (ohne Datum) berechnet die durchschnittlichen jährlichen Änderungen der Sonneneinstrahlung, die durch die Geometrie der Erdorbitalvariationen verursacht werden, ebenfalls mit etwa 0,1%. Folglich würde jede Kombination aus der Varianz der Sonnenstärke und den durch die Umlaufbahn verursachten Schwankungen der einfallenden Sonneneinstrahlung 0,2% der gesamten Sonneneinstrahlung nicht überschreiten. Daher könnten weder die Variabilität der natürlichen Sonnenzyklen noch die Milankovic'-Zyklen allein oder eine Kombination aus beiden direkt für die Änderungen des Paläoklimas verantwortlich sein.

Im Widerspruch dazu besteht weiterhin eine hervorragende spektrale Korrelation zwischen Bahnvariationen und Klimaproxyserien. Terrestrische Energiequellen, mit Ausnahme von Vulkanausbrüchen mit einem Klimaeinfluss von mehreren Jahrzehnten, machen nur einen Bruchteil der Variabilität des primären Sonnenantriebs aus, während ihr Beitrag entweder konstant oder zufällig ist. Der zufällige Anteil nimmt mit zunehmender Beobachtungsdauer ab, was zu einem durchschnittlichen konstanten Beitrag führt. Es gibt auch keine Hinweise darauf, dass der Treibhauseffekt, dh. die Absorption von niederfrequenter IR-Rückstrahlung hauptsächlich durch die „Klimagase" Wasserdampf, Kohlendioxid und Methan, für Variationen der globalen

Durchschnittstemperatur in der Größenordnung der vorliegenden paläoklimatischen Temperatur-Proxys aufkommen könnte. Die Klimasensitivität von CO_2 wird durch verschiedene Quellen zwischen 2 und 4,5 °C pro Verdoppelung seines atmosphärischen Gehalts geschätzt. Nach einer groben Schätzung der Vostok-Mitteltemperatur (11,75 °C) bei einem vorindustriellen CO_2-Gehalt von 280 ppm müsste dieser atmosphärische CO_2-Gehalt dann zwischen 140 ppm und 560 ppm variiert haben, um die früheren Schwankungen der paläoklimatischen Temperaturproxys zu erklären.

Für die letzten zwei Millionen Jahren wurde nirgendwo eine derartige Varianz des atmosphärischen CO_2-Gehalts berichtet. Darüber hinaus ist kein aktiver Mechanismus bekannt, der die Beziehung zwischen der Konzentration von Treibhausgasen und der Temperatur-Proxy-Reihe direkt erklärt, und es gibt keine feste Beziehung zwischen ihrer Konzentration und den natürlichen Schwankungen der globalen Durchschnittstemperatur während der Paläoklima-Perioden. Und schließlich gibt es aus Temperatur-Proxy-Analysen zahlreiche Hinweise darauf, dass ein Anstieg des atmosphärischen CO_2-Gehalts immer nach einem Anstieg der mittleren globalen Temperatur erfolgt. Shakun et al. (2015) zeigen das Verhältnis der spektralen Leistung einer Eisvolumen-Rekonstruktion zur CO_2-Aufzeichnung des Eisvolumens in den letzten 800 tausend Jahren (kyr) nach Normalisierung jeder Reihe auf Null Einheitsvarianz (Abb. 2).

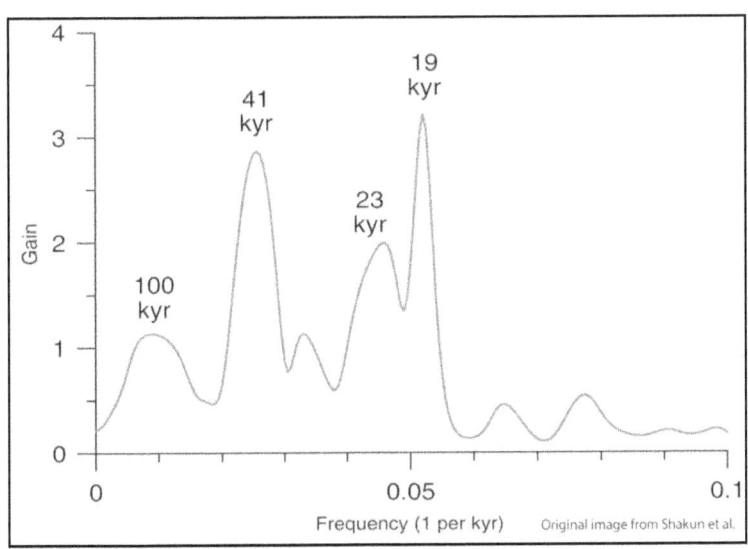

Abb. 2: Die Eisvolumen-CO_2-Gain-Funktion von SHAKUN et al. (2015, lizenziert unter der Creative Commons Attribution 4.0 International License)

Abbildung 2 zeigt deutlich eine starke Abhängigkeit der Änderungen des atmosphärischen CO_2-Gehalts und des Eisvolumens von den Perioden der Exzentrizität (1oo kyr), der Schräglage (41 kyr) und der Präzession (19 und 23 kyr) der Umlaufbahnparameter der Erde (Milankovic'-Zyklen)). Weder das Eisvolumen noch CO_2 sind Primärenergieträger, sondern Sekundäreffekte. Beide fordern folglich Schwankungen ihres eigenen Ausmaßes, um sich auf die globalen Temperaturen auszuwirken. Wenn also kein aktiver Klimaantrieb für die Klimavariabilität der Erde in geologischen Zeiten verantwortlich ist, muss diese Variabilität durch einen prominenten Nebeneffekt verursacht werden. Diese Veröffentlichung zeigt, dass eine Modulation der natürlichen Sonneneinstrahlung durch

Änderungen der Erdalbedo für die Schwankungen der Durchschnittstemperatur der Erde während der geologischen Zeit möglich wäre.

Beziehung zwischen Temperatur und der natürlichen Sonneneinstrahlung

Der Energieinhalt der Sonne beträgt 1.367 W / m² mit einem Durchschnitt von 342 W / m² für die gesamte Erdoberfläche bei einer globalen Durchschnittstemperatur von 14,83 °C. DOUGLAS & CLADER (2oo2) geben die Klimasensitivität für Variationen des Sonnenantriebs an

$$\Delta T = k \cdot \Delta F \text{ mit } T: \text{Temperatur (°C) and } F: \text{Forcing (W/m}^2\text{)}.$$

Dort wurde ein Empfindlichkeitskoeffizient „k" aus gemessenen Kurzzeitdatenreihen von Temperaturen und Sonneneinstrahlung berechnet

$$\Delta T / \Delta F = k = 0.11 \pm 0.02$$

Empfindlichkeitskoeffizient in (°C / Wm-2)
(DOUGLAS & CLADER 2oo2).

Um die Schwankungen der Vostok-Proxy-Temperatur (T_{VP}) zwischen +3,23 und -9,39 °C in Beziehung zur tatsächlichen globalen Durchschnittstemperatur (NST) von 14,83 °C zu setzen, müsste der Klimaantrieb der Erde mit

$$\Delta F_{V@NST} = +29.36 \text{ W/m}^2 \text{ and } -85.36 \text{ W/m}^2$$

um den aktuellen globalen Mittelwert von 14,83 °C geschwankt haben.

Klimaschwankungen von etwa ± 57 W / m² sind erforderlich, um die Schwankungen der Vostok-Temperaturproxys um die Vostok-Median-Temperatur von 11,75 °C zu erklären. Infolgedessen erfordern die Temperaturänderungen innerhalb der Paläoklima-Zyklen Energieänderungen, die etwa das 100-fache der Variabilität der natürlichen Solarkreisläufe oder der Variabilität des Netto-Sonnenflusses aufgrund von Schwankungen der Erdumlaufbahn betragen.

LASKAR et al. (1993: Abb. 5) berechnen in ihrem Ansatz, dass die Änderung des Sonneneinstrahlung für einen festen geografischen Standort bei 65°N und 12o°O in der nördlichen Hemisphäre durch die Bahnvariationen der Erde zu Änderungen der Sonneneinstrahlung bis zu ± 5o W / m² beträgt mit einer periodischen Schwebungsfrequenz um 25 kyr in den letzten 1 Million Jahren. Die von LASKAR et al. (1993) stimmt gut mit der hier berechneten Variation von etwa 115 W / m² überein, die aus den Vostok-Temperaturproxys abgeleitet wurde.

Modulation der Sonneneinstrahlung in Übereinstimmung mit den Vostok Temperaturproxys

Ein direkter Zusammenhang zwischen einem primären Antrieb und den Änderungen der Durchschnittstemperatur der Erde durch geologische Zeiten konnte hier nicht hergestellt werden. Infolgedessen muss die Sonneneinstrahlung durch einen prominenten Sekundäreffekt moduliert werden, um die Vostok-Temperaturproxys zu erfüllen. Der einzig mögliche sekundäre Antrieb ist die niederfrequente Rückstrahlung der Erde, die die globalen Zirkulationen antreibt. Die Höhe des wirksamen Einflusses der Sonneneinstrahlung wird durch die Erdalbedo gesteuert.

Mit der Beziehung zwischen der Klimasensitivität „λ" und dem Klimasensitivitätskoeffizienten „k" von DOUGLAS & CLADER (2oo2)

$$\lambda = \frac{4}{1-a} * k$$

erhalten wir für die Albedo der Erde

$$a = 1 - \frac{4*k}{\lambda} = 0.3016 \text{ mit } k = 0.11 \text{ °C/Wm}^{-2}$$

und $\lambda = 0.63$ °C/(Wm^{-2}).

Es stellt sich die Frage, wie stark die Albedo der Erde schwanken muss, um die erforderliche Veränderung der Sonneneinstrahlung zu für eine Übereinstimmung mit den Vostok Temperaturproxys zu bewirken.

Aus der Sonneneinstrahlung von 1.367 W / m² Sonneneinstrahlung an der Atmosphärengrenze ergibt sich für den aus DOUGLAS & CLADER (2oo2) mit a = 0.3016 abgeleiteten Albedowert ein durchschnittlicher reflektierter / gebrochener Energieanteil von 412,29 W / m², der nicht zum Klimaantrieb beiträgt. In einem ersten Ansatz werden die minimalen und maximalen Albedowerte berechnet, die erforderlich sind, um die Vostok-Temperaturproxys um die tatsächliche globale oberflächennahe Temperatur NST von 14,83 ° C zu erfüllen. Grundlage für diese Berechnung ist der reflektierte Anteil der Sonneneinstrahlung von 412,29 W / m² bei der aktuellen globalen Albedo von 0,316, was zu einer Flussänderung von 13,67 W / m² pro Prozent Albedo führt. Die Variabilität der Albedo ist dann gegeben durch

$F@a_{min} = (412.29 - 29.36)$ W/m² $= 382.93$ W/m² mit $a_{min} = 0.2801$

$F@a_{max} = (412.29 + 85.36)$ W/m² $= 497.65$ W/m² mit $a_{max} = 0.3640$

Ausgehend von dieser Näherung kann die Erdalbedo in den letzten 420.000 Jahren zwischen $a_{min} = 0.2801$ und $a_{max} = 0.3640$ variiert haben, wie in Abbildung 3 gezeigt wird, um die in Abbildung 1 dargestellten Vostok-Temperatur-Proxys zu erfüllen. Aerosol- und Svensmark-Effekt können über die Paläoklima-Zyklen nicht separat geschätzt werden und sind in diesen Werten bereits enthalten.

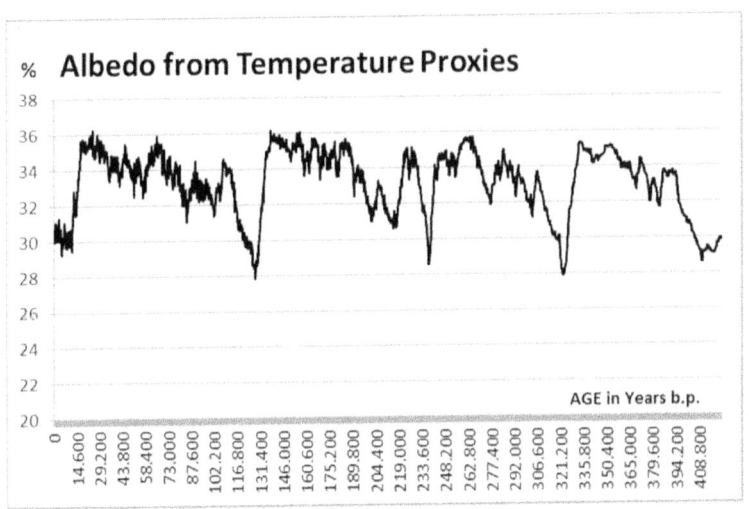

Abb. 3: Die Variationen der Erdalbedo auf Grundlage der Vostok-Temperaturproxys (PETIT et al. 2001)

Die Albedo von Eis und Schnee kann bis zu 90% ansteigen, aber die Solarenergiedichte am Boden nimmt mit dem Kosinus des Breitengrads ab. Bei 60°Breite ist der Kosinus gleich 0,5, was ausdrückt, dass die Erdoberfläche im Vergleich zum Äquator nur die

Hälfte der Sonnenenergie pro Quadratmeter erhält. Die Flächenausdehnung auf der Erdoberfläche, die für einen solchen sekundären Eis-Albedo-Antrieb benötigt wird, würde sich folglich zwischen dem Doppelten und dem Dreifachen des berechneten Prozentsatzes der Albedo-Variationen zwischen -2,15 und +6,24% erhöhen. Als grobe Schätzung der Flächenausdehnung eines solchen Eisalbedoeffektes sind Schwankungen der Schnee- und Eisbedeckung der Erde zwischen etwa -6,5 und +19% der Erdoberfläche erforderlich, um die Vostok-Temperaturproxys zu erfüllen.

„Unkontrollierte" glaziale Erwärmung

Die Vostok-Temperaturproxys zeigen, dass der Anstieg zu einem Klimaoptimum im Vergleich zum Abfall der Temperaturen in die Eiszeiten hinein sehr schnell verläuft. Variationen der Bahnparameter, der Sonneneinstrahlung und der geographischen Verteilung der Vereisung folgen jedoch normalerweise kontinuierlichen Funktionen, die üblicherweise keine Singularitäten aufwiesen. Wenn wir davon ausgehen, dass die durchschnittliche Vostok-Temperatur von etwa -4,5 °C gegenüber dem gegenwärtigen NST eine durchschnittliche Klimasituation während der vergangenen Paläoklima-Zyklen darstellt, kann sich die Erde während der letzten Millionen Jahre in einem permanenten Eiszeitszenario befunden haben, analog zur bestehenden Vereisung der Antarktis und auf Grönland.

These: *Es mag ein typischer subjektiver menschlicher Blickwinkel sein, eine "unkontrollierte Vereisung" aus einem aktuellen Temperaturoptimum heraus zu postulieren. Die Veränderungen des Paläoklimas in den vergangenen Eiszeiten lassen sich am Anstieg der Temperatur besser nachvollziehen. Eine solche „unkontrollierte*

Erwärmung" sollte durch Umlaufbahnänderungen gesteuert werden, und wir müssen nur die Argumente umdrehen, um ein permanentes Eiszeitszenario bei steigender Sonneneinstrahlung zu verstehen.

Vergleicht man das globale Klima der letzten Millionen Jahre mit den Umlaufparametern und der durchschnittlichen Sonneneinstrahlung bei 65°N in Abbildung 4, so scheint es, unabhängig vom absoluten Wert, eine vernünftige Übereinstimmung zwischen solchen kurzzeitigen warmen Interglazialen mit Maxima der Exzentrizität und der Sonneneinstrahlung bei 65°N zu geben. Die Exzentrizität der Umlaufbahn bewirkt eine Differenz des Sonnenflusses zwischen Perihel und Aphel von mindestens 2% und höchstens 23% (Wikipedia 2o13); die aktuelle Differenz zwischen Perihel und Aphel beträgt 6,9%. Diese hemisphärische Ungleichheit der Sonneneinstrahlung wird über das Jahr durch eine höhere Bahngeschwindigkeit im Perihel im Vergleich zum Aphel ausgeglichen. Die durch die Exzentrizität verursachte Variabilität der kumulierten jährlichen Sonnenstrahlung überschreitet daher nicht o.1% (SCHWARZ, kein Datum). Clark et al. (2o12: Abb. 3C) zeigen, dass die sommerliche Sonneneinstrahlung bei 65°N in einem Endstadium der Vereisung ihren Höhepunkt erreicht, während die winterliche Sonneneinstrahlung dann durch die Phase der Vereisung ansteigt. Weder die Wintereinstrahlung noch die jährliche Gesamtsonnenenergie können für den Prozess der Eiszeitenteisung bestimmend sein.

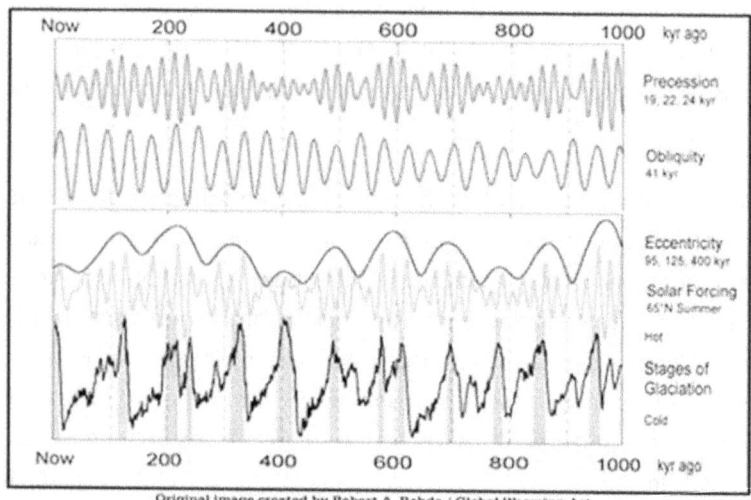

Abb. 4: Diagramm der Milankovic' -Orbitalzyklen (aus Wikimedia Commons, 2013, Bild erstellt von ROHDE, R.A., Global Warming Art, lizenziert unter der Creative Commons Namensnennung-Weitergabe unter gleichen Bedingungen 3.0 Unported-Lizenz)

Folglich muss ein „Schwachpunkt" den kleinen sommerlichen Klimaimpuls in höheren Breiten unterstützen, damit die globale Temperatur in ein warmes Intervall übergehen kann. Verglichen mit der stabilen Situation in der Antarktis kann dieser „Schwachpunkt" nur der Arktische Ozean sein, der das Hauptgebiet einer möglichen Vereisung innerhalb des nördlichen Polarkreises darstellt. In Eiszeiten ist das gefrorene Nordpolarmeer ein Spiegel für die Sonneneinstrahlung. Abrupte Änderungen der nördlichen Vereisung wären möglich, wenn der Arktische Ozean im Sommer seine Eisbedeckung verliert und zu einem „Hot Spot" wird. ALLEY & CLARK (1999) zeigen, dass der North Atlantic Deep Water Flow (NADW) einen großen Einfluss auf die nördliche Enteisung hat. Der "Schalter" zur Enteisung der nördlichen Hemisphäre kann dann eine maximale Sonneneinstrahlung in höheren Breiten (Orbitalpräzession und -schräglage) bei zunehmender Exzentrizität der Umlaufbahn sein und wird durch den folgenden Ausdruck dargestellt:

Global "Runaway Warming" (RW) @

(Max Insolation @ 65°) + (Eccentricity rising to Max)

In „normalen" Eiszeitsituationen ist die Ausbreitung der Vereisung in der nördlichen Hemisphäre weder durch den Energieeintrag aus Meereszirkulationen noch durch den Materialverlust durch Eisberge begrenzt. Eisvolumenverluste durch Eiskalben nach Norden in den gefrorenen Arktischen Ozean hätten keine wesentlichen Auswirkungen, während die Eisdrift nach Süden auf den Nordatlantik und die Beringstraße beschränkt wäre. Das Nordpolarmeer ist am Polarkreis hauptsächlich von Landmassen umgeben. Folglich ist dann ein massives weiteres Anwachsen der Vereisung auf den Kontinentalmassen Nordamerikas und Eurasiens möglich. Offensichtlich konnte nur die nördliche Vereisung durch ein Zusammentreffen positiver Spitzen in der Exzentrizität der Umlaufbahn moduliert werden, da die südliche Vereisung in der Antarktis durch das gegenwärtige Klimaoptimum auf kontinentaler Ebene fortbesteht. Es scheint, dass eine maximale Sonneneinstrahlung bei 65°N zu einer „unkontrollierten Erwärmung" führen kann, die zu einem Zusammenbruch der Nordgletscher und zu einem globalen Erwärmungsintervall führt. Shakun et al. (2o15) haben die Temperaturen aus der sommerlichen Sonneneinstrahlung im Westen der USA für die letzten 25.ooo Jahre bei 45°N berechnet (Abb. 5). Zwischen den Jahren 2o.ooo und 12.ooo weist dieses Modell einen bemerkenswerten Temperaturanstieg von ca. 6 °C auf. Nach diesem Peak fallen die modellierten Temperaturen durch Enteisung wieder um etwa 5 °C ab, bis 3 °C erreicht sind.

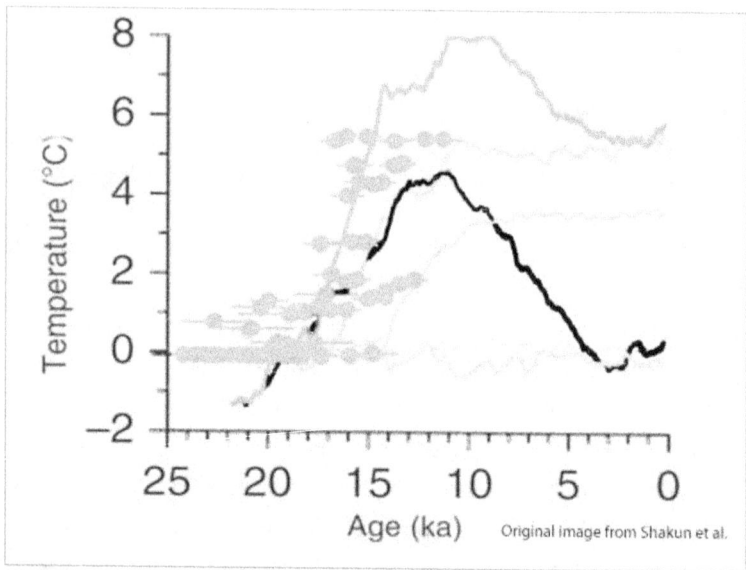

Abb. 5: *Modellierte Temperaturen aus der Sommersonneneinstrahlung (Juni-Juli-August) bei 45°N (fette schwarze Linie) für den Westen der Vereinigten Staaten von SHAKUN et al. (2015, lizenziert unter der Creative Commons Attribution 4.0 International License).*

Bitte beachten Sie: Die abgebildete Modellzeitreihe von SHAKUN et al. (2015) ist ein 500-jähriger gleitender Durchschnitt und wird als Anomalie ab 19 kyr angegeben. Bei den grauen Kurven handelt es sich um verschiedene Forcierungssimulationen, die hier nicht zur Argumentation verwendet werden. Punkte markieren normalisierte Moränenpositionen.

Auf den ersten Blick kann dieser orbital bedingte Temperaturtrend eine zwischeneiszeitliche Warmzeit nicht erklären. Mit dem hier vorgestellten Modell der instabilen Vereisung auf der nördlichen Hemisphäre ist der Abfall des orbitalen Sonnenantriebs zu Beginn der Warmzeit jedoch kein Widerspruch mehr zur weiteren Enteisung. Es könnte erwartet werden, dass das Erreichen der maximalen Exzentrizität den sekundären Albedo-Antrieb in Gang setzt. Die Zunahme des Orbitalantriebs kann sowohl zu einer Schwächung der Eisbedeckung am Nordpolarmeer im Sommer als auch zu einem Rückzug der Gletscher im Süden der Nordgletscher führen, was zu einem Rückgang der Albedo führt. Dieser Abfall als positiver Rückkopplungsmechanismus erhöht dann proportional die effektive globale Nettosonneneinstrahlung, was zu einem Anstieg der globalen Durchschnittstemperatur führt. Wenn der Orbitalantrieb wieder nachlässt, scheint dieser sekundäre Albedoantrieb offensichtlich stark genug zu sein, um die Enteisung fortzusetzen. Auf der anderen Seite wird ein neuer Eiszyklus in hohen Breiten mit steigender Albedo gegen einen zunehmenden Sonnenfluss in niedrigere Breiten beginnen. Dieser Mechanismus könnte das Ungleichgewicht zwischen Temperaturanstieg und -abfall durch die paläoklimatischen Zyklen erklären.

Ergebnis

Die Milankovic´-Zyklen sind die einzigen Zeitreihen, die die Variationen der Vostok-Temperaturproxys in Bezug auf die Frequenz erfüllen können, während die Erdalbedo die einzige Variable ist, die die Größenordnung paläoklimatischer Temperaturvariationen erklären kann. Dieser sekundäre Klimaantrieb durch die Albedo ist vergleichbar mit einer elektronischen Verstärkerschaltung, bei der ein kleines Basissignal, hier die sommerliche Sonneneinstrahlung zwischen 45°N und 65°N, die effektive globale Sonneneinstrahlung durch Variationen der Erdalbedo reguliert.

Um die Vostok-Temperaturproxys in vereinfachter Näherung zu erfüllen, müsste die sphärische Albedo der Erde zwischen den Extremen a_{min} = 0.2801 und a_{max} = 0.3640 gemäß den Milankovic'-Orbitalzyklen variieren. Es gibt Hinweise darauf, dass die wahre „natürliche" Klimasituation der Erde in den letzten Millionen Jahren durch ein Eiszeitszenario mit Albedowerten um 34% beschrieben werden kann. Abhängig von Variationen der Bahnparameter der Erde könnte der Eisalbedoeffekt die natürliche Sonneneinstrahlung durch eine wachsende und fallende Eisbedeckung modulieren. Wenn die maximalen Werte der Sonneneinstrahlung in höheren Breiten aufgrund von Schwankungen der Orbitalpräzession und -neigung mit positiven Peaks der Exzentrizität in der Umlaufbahn zusammentreffen, würde dieses Zusammentreffen offensichtlich zu einem plötzlichen Zusammenbruch der Vereisung in der nördlichen Hemisphäre durch eine „unkontrollierte arktische Erwärmung" führen, um die maximale Temperatur der Vostok-Proxys zu erreichen.

Danksagung: Der Autor dankt Herrn Dipl.-Geophys. Birger Lühr (GFZ Potsdam) für seine Ermutigung und wertvolle Hinweise zum Manuskript. Vielen Dank an das DGG-Redaktionsteam für die freundliche Anpassung des Manuskripts an das DGG-Veröffentlichungsformat.

Literatur:

• ALLEY, R.B. & CLARK, P.U. (1999): The deglaciation of the northern hemisphere: a global perspective. – Annual Review of Earth and Planetary Science 27: 149–182.

- CLARK, P.U., SHAKUN, J.D., BAKER, P.A., BARTLEIN, P.J., BREWER, S., BROOK, E., CARLSON, A.E., CHENG, H., KAUFMAN, D.S., LIU, Z., MARCHITTO, T.M., MIX, A.C., MORRILL, C., OTTOBLIESNER, B.L., PAHNKE, K., RUSSELL, J.M., WHITLOCK, C., ADKINS, J.F., BLOIS, J.L., CLARK, J., COLMAN, S.M., CURRY, W.B., FLOWER, B.P., HE, F., JOHNSON, T.C., LYNCH-STIEGLITZ, J., MARKGRAF, V., McMANUS, J., MITROVICA, J.X., MORENO, P.I. & WILLIAMS, J.W. (2012): Global climate evolution during the last deglaciation. – PNAS 109 (19): E1134-E1142.

- DOUGLAS, D.H. & CLADER, B.D. (2002): Climate sensitivity of the Earth to solar irradiance. – Geophysical Research Letters 29 (16): 33.1–33.4, doi: 10.1029/2002GL015345.

- LASKAR, J., JOUTEL, F. & BOUDIN, F. (1993): Orbital, precessional, and insolation quantities for the Earth from -20Myr to +10Myr. – Astronomy & Astrophysics 270: 522-533.

- PETIT, J.R. et al. (2001): Vostok Ice Core Data for 420,000 Years. – IGBP PAGES/World Data Center for Paleoclimatology Data Contribution Series #2001-076; Boulder, Colorado (NOAA/NGDC Paleoclimatology Program).

- SCHWARZ, O. (no date): Die Milankowitsch-Zyklen. – <www.physik.uni-siegen.de/didaktik/materialien_offen/milankowitsch.pdf>; Siegen (Universität Siegen) – Last access on August 7th, 2013.

- SHAKUN, J.D., CLARK, P.U., HE, F., LIFTON, N.A., LIU, Z. & OTTOBLISNER, B.L. (2015): Regional and global forcing of glacier retreat during the last deglaciation. – Nature Communications 6 (8059), doi: 10.1038/ncomms9059.

- Wikimedia Commons (2013): File: Milankovitch Variations.png. <http://commons.wikimedia.org/wiki/File:Milankovitch_Variations.png>. Image created by ROHDE, R.A. – Last accesson September 15th, 2013.

- Wikipedia (2013): Milankovic'⬜-Zyklen. – Chapter „Änderung der Exzentrizität",<http://de.wikipedia.org/wiki/Milankovi%C4%87-Zyklen>. – Last access on September 16th, 2013.

Es gibt keinen „natürlichen atmosphärischen Treibhauseffekt"

Anmerkungen: Eingangs möchte der Autor noch einmal an den „Hähnchentrick" aus dem Kapitel *„Die Anfänge der Klimareligion"* erinnern, bei dem die Leistung des Heizstrahlers auf das gesamte Hähnchen inklusive seiner Rückseite heruntergerechnet wird, was den Unterschied zwischen einem gegrillten (120°C) und einem tiefgefrorenen (-18°C) Hähnchen ausmachen würde. Um sich die zugrunde liegende Fehlannahme zu verdeutlichen, können Sie beim Grillen einfach mal das Wenden des Grillgutes unterlassen. Denn nach dem konventionellen S-B Ansatz für die theoretische Globaltemperatur unserer Erde sollte sich auf beiden Seiten des Grillgutes ein Temperaturmittel aus Ober- und Unterseite einstellen…

Nachfolgend wird der Zweischichtfall Atmosphäre/Erde mit 780W/m² effektiver Solarstrahlung betrachtet, während in meinen Blogartikeln vereinfacht mit einem Einschichtfall (940W/m²) gerechnet wird.

Wissenschaftliche Veröffentlichung: WEBER, U.O. (2019): *„Weitere Überlegungen zur hemisphärischen Herleitung einer globalen Durchschnittstemperatur"* aus den Mitteilungen der Deutschen Geophysikalischen Gesellschaft 1/2019: 18-25

Zusammenfassung

Das Stefan-Boltzmann-Gesetz (S-B-Gesetz) beschreibt für einen Schwarzen Körper die Beziehung zwischen seiner konkreten Temperatur und seiner daraus resultierenden konkreten Strahlungsleistung im thermischen Gleichgewicht. Das im S-B-Gesetz enthaltene Gleichheitszeichen verknüpft also eindeutig definierte singuläre Wertepaare und hat nicht die Funktion einer beliebigen mathematischen Gleichsetzung; es gilt mithin nicht für das Verhältnis von beliebig ermittelten Durchschnittswerten.

Diese Bedingung des zugrunde liegenden S-B-Gesetzes verfehlen beide Inversionen zur Berechnung einer theoretischen globalen

Durchschnittstemperatur: Die konventionelle Herleitung über die Energiebilanz der Erde ermittelt eine Durchschnittstemperatur aus einer global gemittelten Sonneneinstrahlung von 235 W/m² und verletzt durch die implizite Einbeziehung der Nachtseite unserer Erde außerdem noch die strenge Bedingung für ein thermisches Gleichgewicht. Der daraus entwickelte hemisphärische Ansatz mit einer temperaturwirksamen Nettostrahlung der Sonne von 390 W/m² heilt zwar die S-B-Gleichgewichtsbedingung, berechnet sich aber ebenfalls über einen Strahlungsdurchschnitt.

Eine korrekte Berechnung der theoretischen globalen Durchschnittstemperatur darf sich aber ausschließlich aus den individuellen örtlichen S-B-Gleichgewichtstemperaturen herleiten. Im Ergebnis dieser Betrachtung lässt sich die Temperaturgenese auf der Tagseite der Erde über einen verfeinerten hemisphärischen Strahlungsansatz mit dem Stefan-Boltzmann-Gesetz erklären, während die Nachtabkühlung mit der Umgebungsgleichung des Stefan-Boltzmann-Gesetzes unter Einbeziehung des Wärmeinhaltes der globalen Zirkulationen beschrieben werden kann.

Anmerkung: Auch in den nachfolgenden Betrachtungen sind implizit Rundungsfehler enthalten, die sich aus der Benutzung verschiedener Quellen für die solaren Strahlungsmengen (WEBER 2016) herleiten.

Vorgeschichte

In den Mitteilungen der Deutschen Geophysikalischen Gesellschaft 3/2016 war der Artikel „A short note about the natural greenhouse effect" mit einer hemisphärischen Herleitung für die globale Durchschnittstemperatur mit dem Stefan-Boltzmann-Gesetz erschienen (WEBER 2016). Dieser hemisphärische Stefan-Boltzmann-Ansatz wurde später in vereinfachter Form auch auf verschiedenen Internetplattformen vorgestellt und dort in den Kommentarfunktionen diskutiert. Der Autor hatte in einigen dieser späteren Artikel ausdrücklich darauf hingewiesen, dass seine hemisphärische Herleitung der globalen Durchschnittstemperatur mit dem Stefan-Boltzmann-Gesetz selbstverständlich jederzeit wissenschaftlich widerlegt werden könne, Zitat:

„...Wenn also wissenschaftlich eindeutig nachgewiesen würde, dass die Gleichsetzung der Energiebilanz unserer Erde (Fläche einer Kugel) mit der strengen thermischen Gleichgewichtsforderung des Stefan-Boltzmann-Gesetzes für die bestrahlte Fläche (Halbkugel) physikalisch korrekt ist, dann bin ich tatsächlich widerlegt..."

Eine weitergehende Betrachtung bestätigt zunächst die Kritik am konventionellen Stefan-Boltzmann-Ansatz für die Ableitung einer theoretischen globalen Durchschnittstemperatur. Aber auch der hemisphärische S-B-Ansatz in seiner veröffentlichten Form (WEBER 2016) läuft auf einen immer noch zu hohen Abstraktionsgrad hinaus, der mit dieser Arbeit geheilt wird.

Kritische Betrachtung des hemisphärischen S-B-Ansatzes für die globale Durchschnittstemperatur

Auf den Internetplattformen beschränkte sich die kritische Diskussion im Wesentlichen auf eine grundsätzliche Ablehnung des vorgestellten hemisphärischen S-B-Ansatzes. Abgesehen von vermeintlich aufgedeckten Widersprüchen aufgrund geometrischer Verständnisprobleme einzelner Kommentatoren war eine physikalisch nachvollziehbare Falsifizierung dieser hemisphärischen S-B-Betrachtung nirgendwo erfolgt, insbesondere nicht durch den oben geforderten Nachweis für das thermische Gleichgewicht einer globalen Energiebilanz. Als Beweis für die Existenz eines atmosphärischen Treibhauseffektes wurde dort vielmehr mit einer atmosphärischen Gegenstrahlung argumentiert, deren Wirkungsweise ausgerechnet die pauschale Differenz zwischen einer berechneten „S-B-Normaltemperatur" unserer Erde von -18 °C und ihrer tatsächlich gemessenen oberflächennahen Durchschnittstemperatur von 14,8 °C erklärt (UBA 2013). Schließlich führte ein Hinweis zu einem Vortragsskript von GERLICH (1995), wo es heißt (Zitat):

„Die Abstrahlung eines Körpers richtet sich aber nach der tatsächlichen Temperatur und nicht nach irgendwelchen Temperaturmittelwerten! Temperaturmittelwerte müssen immer aus gegebenen Temperaturverteilungen bestimmt werden und für diese Mittelwerte gibt es keine lösbaren theoretischen Modelle. Damit ist wohl deutlich gezeigt, daß alle Berechnungen mit einem "mittleren Strahlungsbudget" oder einer "Strahlungsbilanz" nichts mit mittleren Erdtemperaturen zu tun haben..."

Oder anders ausgedrückt: Nach der vom Stefan-Boltzmann-Gesetz eindeutig vorgegebenen Gesetzmäßigkeit zwischen der ganz konkreten Temperatur eines Schwarzen Strahlers und seiner dadurch eindeutig definierten Strahlungsleistung in einem thermischen Gleichgewicht existiert für eine wie immer ermittelte durchschnittliche Energiemenge kein entsprechender S-B-Durchschnittswert für die Temperatur. Die nachfolgenden Abbildungen 1 und 2 einer S-B-konformen Berechnung für die Tagseite der Erde verdeutlichen die zitierte Aussage von Gerlich (1995):

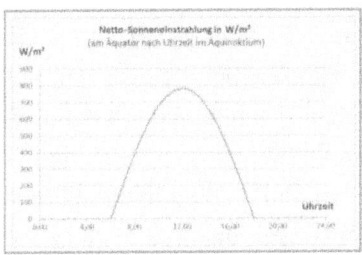 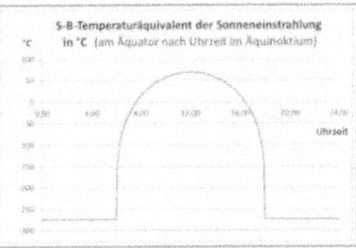

Abb. 1   **Abb. 2**

Anmerkung: Der Wert von 780 W/m² leitet sich aus WEBER (2016) her, wo die temperaturwirksame Sonneneinstrahlung als ein Zweischichtfall für Atmosphäre und Erdoberfläche betrachtet wird. Der hier dargestellte äquinoktiale Kurvenverlauf am Äquator für das Zeitfenster zwischen 6:00 und 18:00 Uhr entspricht übrigens auch dem Verlauf der Sonneneinstrahlung zwischen den beiden Polen von -90° bis +90° geographischer Breite mit dem Äquator auf 12:00 Uhr im mittäglichen solaren Zenit.

Zur Herleitung von Temperaturen mittels einer Inversion des Stefan-Boltzmann-Gesetzes im Strahlungsgleichgewicht nach der Formel $T = (S/\sigma)^{1/4}$ ist also grundsätzlich festzuhalten:

o Das Stefan-Boltzmann-Gesetz liefert eine physikalisch nachgewiesene eindeutige Beziehung zwischen dem konkreten Temperaturwert eines Schwarzkörpers (primär) und seiner aktiven Strahlungsleistung (sekundär) im thermischen Gleichgewicht.

o Die Ableitung einer induzierten Temperatur (sekundär) aus einer passiv erhaltenen Strahlungsleistung (primär), wie sie in beiden S-B-Ansätzen zur Ermittlung der theoretischen Durchschnittstemperatur der Erde angewendet wird, setzt die grundsätzliche Umkehrbarkeit des S-B-Gesetzes im thermischen Gleichgewicht voraus.

o Beide S-B-Beziehungen, also das S-B-Gesetz selbst und seine Inversion, liefern im Strahlungsgleichgewicht jeweils ein eindeutiges rechnerisches Ergebnis für die einer explizit definierten Temperatur zugeordnete konkrete Strahlungsleistung beziehungsweise für die einer explizit definierten Strahlungsleistung zugeordnete konkrete Temperatur; beide Ansätze gelten mithin nicht für Durchschnittswerte.

Überprüfen wir mit diesen Aussagen einmal die beiden diskutierten S-B-Inversionen zur Berechnung einer globalen Durchschnittstemperatur (Tabelle 1):

Tabelle 1: S-B-Modellvergleich	Strahlungsgleichgewicht	Durchschnittswerte
S-B-Inversion über die globale Energiebilanz	nein	ja
Hemisphärische S-B-Inversion	ja	ja
S-B-Ansatz wäre korrekt für	ja	nein

Beide S-B-Inversionen zur Berechnung der theoretischen globalen Durchschnittstemperatur setzen zunächst zwingend voraus, dass eine Umkehrung des Stefan-Boltzmann-Gesetzes physikalisch korrekt ist. Aber eine theoretische Durchschnittstemperatur der Erde ergibt sich aus dem Durchschnitt individueller Gleichgewichtstemperaturen und nicht als Ergebnis einer gemittelten Strahlungsleistung:

o **Der konventionelle S-B-Ansatz** errechnet sich über eine global gemittelte Energiebilanz von durchschnittlich 235 W/m², missachtet durch die Einbeziehung der Nachtseite zusätzlich auch noch die zwingende implizite Bedingung des Stefan-Boltzmann-Gesetzes für ein thermisches Gleichgewicht und stellt damit einen viel zu hohen Abstraktionsgrad dar. Im Ergebnis kann die auf Basis einer globalen Energiebilanz berechnete globale S-B-Durchschnittstemperatur von -18 °C also nur eine ganz grobe „astronomische" Minimalabschätzung liefern und erfordert zur Erklärung der gemessenen globalen Durchschnittstemperatur von +15 °C einen zusätzlichen atmosphärischen Treibhauseffekt für die Differenz von 33 Grad.

- **Der hemisphärische S-B-Ansatz** mit einer durchschnittlichen hemisphärischen Strahlungsleistung von netto 390 W/m² stellt gegenüber dem konventionellen Ansatz eine deutlich bessere Näherungslösung für die tatsächlichen Strahlungsverhältnisse auf der Tagseite der Erde dar. Die hemisphärisch abgeleitete S-B-Durchschnittstemperatur stimmt mit der messtechnisch ermittelten tatsächlichen globalen Durchschnittstemperatur überein und kommt ohne die Forderung nach einem atmosphärischen Treibhauseffekt aus. Sie interpretiert das S-B-Gesetz aber wegen der Herleitung einer theoretischen Durchschnittstemperatur aus einer hemisphärisch gemittelten Strahlungsleistung ebenfalls nicht korrekt.

Eine T^4-Beziehung wie das Stefan-Boltzmann-Gesetz kann also gar keine Mittelwerte abbilden:

Beispiel: 0 W/m² entsprechen nach dem S-B-Gesetz -273 °C und 470 W/m² entsprechen +28 °C. Der daraus gemittelte Temperaturwert von etwa -122,5 °C für einen Strahlungsdurchschnitt von 235 W/m² entspricht aber keineswegs der diesem Strahlungswert direkt zugeordneten S-B-Temperatur von -19 °C.

Das Gleichheitszeichen im Stefan-Boltzmann-Gesetz stellt also eine physikalisch eindeutige Beziehung zwischen ganz konkreten Strahlungs- und Temperaturwerten im thermischen Gleichgewicht her und darf nicht als eine beliebige mathematische Rechenanweisung verstanden werden. Die dem S-B-Gesetz zugrundeliegende Gleichzeitigkeit zwischen konkreten Wertepaaren von Strahlung und Temperatur wäre also physikalisch eindeutiger definiert, wenn dieses Gleichheitszeichen dort durch beispielsweise einen Doppelpfeil ersetzt werden würde (Gleichung 1):

(1) $P/A \Leftrightarrow \sigma * T^4$

mit Stefan-Boltzmann-Konstante $\sigma = 5{,}670 * 10^{-8}$ W m^{-2} K^{-4} sowie Strahlung P in W, Fläche A in m² und Temperatur T in K.

Die Inversion des Stefan-Boltzmann-Gesetzes würde in dieser Schreibweise dann folgendermaßen aussehen (Gleichung 2):

(2) $T \Leftrightarrow (S/\sigma)^{1/4}$ mit $P/A = S$

Die korrekte Ermittlung einer tatsächlichen theoretischen globalen Durchschnittstemperatur muss also auf der Grundlage von individuellen örtlichen S-B-Gleichgewichtstemperaturen aus der tatsächlichen breitenabhängigen Netto-Sonneneinstrahlung erfolgen. Gleichung (6) aus WEBER (2016) für eine temperaturwirksame Netto-Strahlungsleistung von durchschnittlich 390 W/m² auf der Tagseite der Erde muss daher nachfolgend als Gleichung (3) die Breitenabhängigkeit des individuellen solaren Strahlungsantriebs für die jeweilige Ortslage berücksichtigen:

(3) $S_{\varphi,Z} = 780\ [W/m^2] * \cos \varphi$

mit dem maximalen breitenabhängigen Netto-Strahlungsantrieb im solaren Zenit $S_{\varphi,Z}$ und der auf den jahreszeitlichen Sonnenstand korrigierten Breite φ der Ortslage.

Und für einen beliebigen Durchschnittswert aus hemisphärischen Maximaltemperaturen gilt dann:

(4) $T = (\Sigma_{i=1-n}\ (780\ [W/m^2] * \cos \varphi_i / \sigma)^{1/4}) / n$

Die gemittelte Temperatur von -90° bis +90° geographische Breite über die individuellen S-B-Gleichgewichtstemperaturen für einen äquinoktialen Sonnenstand im Zenit beträgt dann etwa 21 °C.

Abschätzung für die globale Temperaturgenese

In Abbildung 3 werden die unterschiedlichen S-B-Temperaturmodelle im Tagesverlauf für eine äquatoriale Ortslage im Äquinoktium dargestellt.

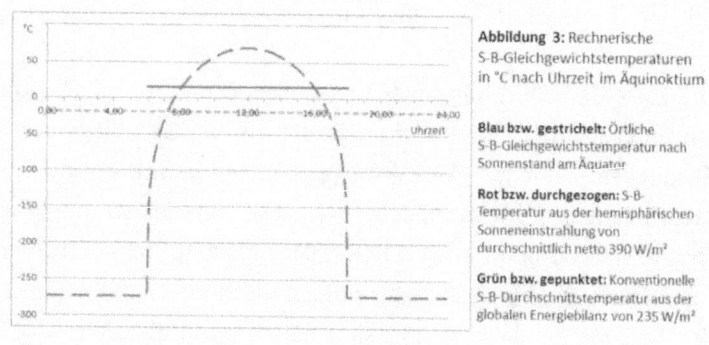

Abbildung 3: Rechnerische S-B-Gleichgewichtstemperaturen in °C nach Uhrzeit im Äquinoktium

Blau bzw. gestrichelt: Örtliche S-B-Gleichgewichtstemperatur nach Sonnenstand am Äquator

Rot bzw. durchgezogen: S-B-Temperatur aus der hemisphärischen Sonneneinstrahlung von durchschnittlich netto 390 W/m²

Grün bzw. gepunktet: Konventionelle S-B-Durchschnittstemperatur aus der globalen Energiebilanz von 235 W/m²

Die tageszeitlich gemessene Temperatur für eine beliebige Ortslage auf dem Äquator wird sich am Verlauf der Sonneneinstrahlung und damit an der individuellen S-B-Gleichgewichtstemperatur orientieren und nicht an irgendeinem global ermittelten Durchschnittswert; die Nachtabkühlung dagegen hängt von der verfügbaren Umgebungswärme ab. Die berechnete maximale S-B-Gleichgewichtstemperatur von knapp 70 °C übersteigt die höchste jemals gemessene Temperatur von 57,7 °C (Wikipedia 2017), sodass ein zusätzlicher Temperatureffekt für die Genese der individuellen Ortstemperaturen nicht erforderlich scheint.

Die Nachtabkühlung unserer Erde wird in beiden S-B-Ansätzen für die theoretische Durchschnittstemperatur nicht korrekt abgebildet. Im hemisphärischen S-B-Ansatz wird eine nächtliche Strahlungsleistung von 0 W/m² entsprechend einem S-B-Temperaturäquivalent von -273,15 °C zugrunde gelegt, die allerdings nicht in die Berechnung der hemisphärischen Tagestemperatur eingeht. Im konventionellen Ansatz geht dagegen diese nächtliche Strahlungsleistung von 0 W/m² durch die globale Mittelbildung implizit in die Ermittlung der Durchschnittstemperatur ein.

Zur Breitenabhängigkeit der Ortstemperaturen: In Abbildung 4 wird der breitenabhängige Jahresverlauf der maximalen S-B-Gleichgewichtstemperatur im solaren Zenit in 20°-Schritten der geographischen Breite dargestellt.

Es wird aus den sehr unterschiedlichen Kurvenverläufen zunächst einmal sofort deutlich, dass sich aus einer wie immer gearteten globalen Durchschnittstemperatur keinerlei Aussage über den tatsächlichen Verlauf der aktuellen Klimagenese auf unserer Erde herleiten lässt. Diese globale Durchschnittstemperatur ist vielmehr eine Chimäre, die individuelle örtliche Veränderungen dahingehend verallgemeinert, dass gegenläufige Trends am Ende sogar unentdeckt bleiben können. Denn ein Bezug zu tatsächlichen örtlichen Veränderungen, wie beispielsweise mögliche Veränderungen der geographischen Klimazonen, lässt sich daraus gar nicht mehr lokal zuordnen oder gar individuell zurückverfolgen. Da sich die Veränderung einer solchen undifferenzierten Globaltemperatur also nicht mehr auf konkrete Ortslagen zurückführen lässt, kann eine Änderung dieser Globaltemperatur schließlich als Universalargument für jede beliebige Argumentation dienen.

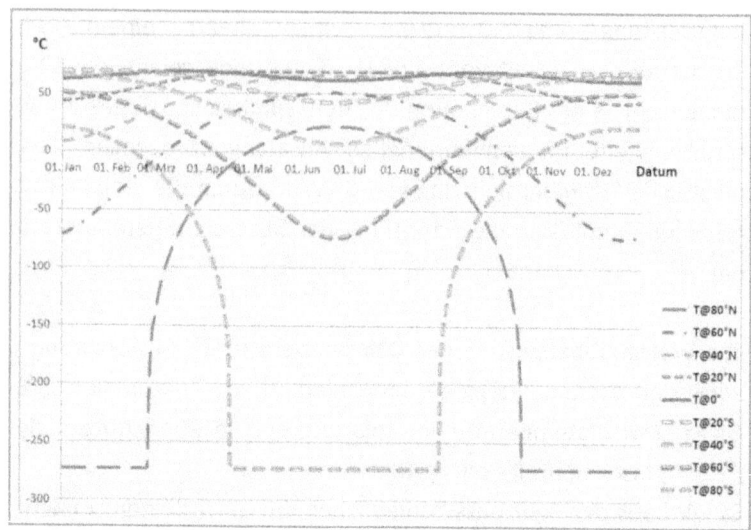

Abbildung 4: *Breitenabhängiger Jahresverlauf des maximalen S-B-Temperaturäquivalentes in °C im Strahlungszenit der Sonne*

Abbildung 4 zeigt ganz deutlich eine hohe jährliche Temperaturkonstanz um den Äquator und eine Zunahme jahreszeitlicher Temperatureffekte mit der geographischen Breite. Die S-B-Gleichgewichtstemperaturen in mittleren und höheren Breiten ändern sich systematisch mit dem jahreszeitlichen Sonnenstand in beide Richtungen. Lediglich im jeweiligen Winterhalbjahr geht die maximale S-B-Strahlungstemperatur der Sonne jenseits von 40° Breite unter 0 °C zurück, also im jeweiligen Winterhalbjahr auf etwa einem Sechstel der Erdoberfläche.

Ein Vergleich mit dem Mond unserer Erde: Betrachten wir nachfolgend einmal die Situation auf dem Mond. Der Mond ist ein stark vereinfachtes Modell unserer Erde ohne Atmosphäre und Ozeane.

VASAVADA et al. (2012) präsentieren Messwerte vom *Diviner Lunar Radiometer Experiment* (DLRE) für die Oberflächentemperatur der Mondoberflächen in äquatorialer Lage (Abbildung 5a). Wenn man jetzt zum Vergleich einmal die hemisphärische Stefan-Boltzmann-Gleichgewichtstemperatur für den lunaren Äquator darstellt (Abbildung 5b), dann erhält man einen ziemlich ähnlichen Temperaturverlauf:

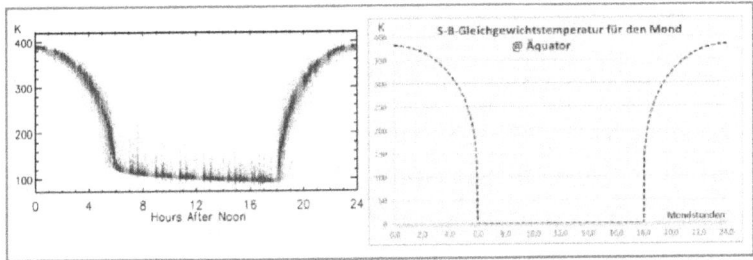

Abbildung 5: Oberflächentemperatur auf dem Mond am Äquator:
a (links): Messwerte aus VASAVADA et al. (2012): Albedo größer 0,13 (orange), kleiner 0,09 (grün);
b (rechts): Äquatoriale hemisphärische S-B-Maximaltemperatur

Die hemisphärische S-B-Berechnung erfolgte ohne Berücksichtigung der lunaren Achsenneigung mit folgenden Eckwerten:
Solarkonstante 1.367 W/m²,
Albedo des Mondes 0,11,
temperaturwirksame Solarstrahlung 1.217 W/m²,
effektive Solarstrahlung S_{eff} für α = [0° - 360°]:
IF COS α > 0 THEN S_{eff} = COS α * 1.217 W/m²,
IF COS α < 0 THEN S_{eff} = 0 W/m².

Wenn man die beiden Abbildungen 5a und 5b übereinander projiziert, ergibt sich eine ganz erstaunliche Übereinstimmung (Abbildung 6):

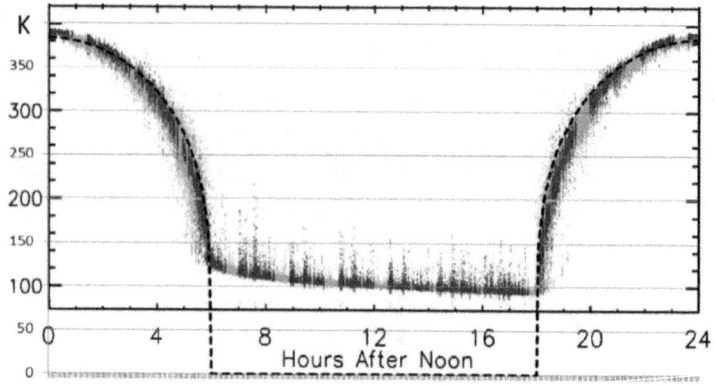

Abbildung 6 *(Graphische Kombination der beiden Abbildungen 5a und 5b): Gemessene Oberflächentemperatur auf dem Mond (orange/grün) und berechnete S-B-Gleichgewichtstemperatur (schwarz gestrichelt)*

Die gemessene und die hemisphärisch mit S-B berechnete Temperatur für den Äquator des Mondes stimmen bei Tage hervorragend überein, während die Nachttemperaturen um etwa 70 K differieren. Diese Differenz ist aber eher ein Problem zwischen Theorie und Praxis, denn in der hemisphärischen Stefan-Boltzmann-Berechnung wird für die Nachtseite des Mondes streng mit einer Strahlung von 0 W/m² und ohne die Speicherung von Wärmeenergie gerechnet. Tatsächlich aber sinkt die Temperatur auf der Nachtseite des Mondes wegen der Hintergrundstrahlung aus dem Weltraum und der Wärmespeicherung durch das tagsüber aufgeheizte Mondgestein eben nicht auf 0 K ab.

Damit ergibt sich für den Mond eine ganz hervorragende Übereinstimmung der gemessenen Oberflächentemperaturen mit den hemisphärisch ermittelten S-B-Maximaltemperaturen. Der Mond verfügt neben seiner Oberfläche aber über keine zusätzlichen Wärmespeicher. Es stellt sich also die Frage, wie bei einer Betrachtung der hemisphärischen S-B-Ableitung eigentlich die Nachtabsenkung der Temperaturen und der Wärmeinhalt der globalen Zirkulationen berücksichtigt werden kann.

Die Umgebungsgleichung für das Stefan-Boltzmann-Gesetz: Betrachten wir einmal die durchschnittliche globale Abstrahlung der Erde. Bisher hatten wir die temperaturwirksame solare Einstrahlung von 780 W/m² aus dem von WEBER (2016) postulierten Zweischichtfall für Atmosphäre und Erdoberfläche betrachtet. Bei der Bilanzierung der durchschnittlich von der Erde bei gleichbleibender Mitteltemperatur abgestrahlten Energiemenge müssen wir nun aber die gesamte nicht reflektierte Sonneneinstrahlung berücksichtigen. Die Solarkonstante abzüglich des reflektierten Anteils ergibt 940 W/m², der Durchschnitt für die gesamte Erdoberfläche beträgt somit 235 W/m². Das Stefan-Boltzmann-Gesetz für einen schwarzen Körper in einer erwärmten Umgebung lautet:

(5) $\quad \Delta S = S - S_0 = \sigma * (T^4 - T_0^4) \quad$ mit $S = P/A$ in W/m²

(GERTHSEN & KNESER 1971)

Abbildung 7 verdeutlicht, dass es für die Betrachtung der globalen Abstrahlung nicht unerheblich ist, bei welchem Temperaturniveau wir eine durchschnittliche Emission von $\Delta S = 235$ W/m² ansetzen.

Denn die Temperatur eines Schwarzen Körpers kann nicht unter seine Umgebungstemperatur T_0 fallen, die hier auf der Erde von den globalen Zirkulationen bestimmt wird:

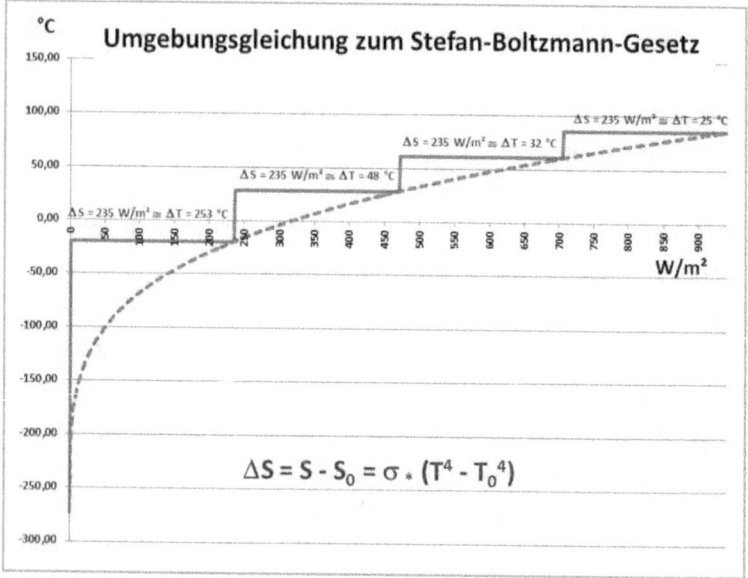

Abbildung 7: Der resultierende Temperaturbereich für eine pauschale Abstrahlung von 235 W/m²: ***rot bzw. gestrichelt:*** *Zusammenhang von Strahlung und Temperatur nach dem Stefan-Boltzmann-Gesetz;* ***blau bzw. durchgezogen:*** *S-B-Temperaturäquivalent für 235 W/m² abhängig von der jeweiligen Umgebungstemperatur*

Mit der Umgebungsgleichung des S-B-Gesetzes ist jetzt auch das einzige Manko der hemisphärischen S-B-Ableitung geheilt, nämlich der fehlende Ansatz für die örtliche Nachttemperatur. Abbildung 7 macht deutlich, dass es beim Stefan-Boltzmann-Gesetz von ganz entscheidender Bedeutung ist, welcher Umgebungstemperatur „T_0" eine globale Abstrahlung „ΔS" zugrunde liegt. Der konventionelle S-B-Ansatz aus der globalen Energiebilanz geht davon aus, dass die Umgebungstemperatur der Erde 0 K beträgt. Von dort aus werden dann mit dem Stefan-Boltzmann-Gesetz nämlich die bekannten -19 °C errechnet, wie in Abbildung 7 durch die erste „Treppenstufe" von 0 bis 235 W/m² dargestellt wird. Die konventionelle S-B-Ableitung für die „natürliche" globale Durchschnittstemperatur aus der globalen Energiebilanz ignoriert also den Wärmeinhalt der globalen Zirkulationen.

Wenn wir für die Umgebungstemperatur T_0 einmal die global gemittelte gemessene Durchschnittstemperatur (NST) von 14,8 °C ansetzen, in der die Nachttemperatur ja bereits implizit enthalten ist, dann müsste sich eine durchschnittliche globale Abstrahlung von 235 W/m² aus der globalen Energiebilanz in die Werte -104 W/m² und +131 W/m² aufteilen, um in ihrer Schwankungsbreite der gemessenen globalen Durchschnittstemperatur von 14,8 °C bei 390 W/m² zu entsprechen. Die rechnerischen S-B-Äquivalente ergeben sich damit zu

390 W/m² - 104 W/m² = 286 W/m² ≅ -6,7 °C und

390 W/m² + 131 W/m² = 521 W/m² ≅ +36,4 °C.

Das arithmetische Mittel aus diesen beiden Temperaturwerten beträgt +14,9 °C und führt sofort zu einem Widerspruch: Eine durchschnittliche tägliche Schwankungsbreite von etwa 43 °C ist für die meisten Gebiete auf der Erde völlig unrealistisch und mag bestenfalls in den vollariden Wüstengebieten der niederen geographischen Breiten erreicht werden können, also gerade dort, wo der geringste Wärmezustrom aus den globalen Zirkulationen erfolgt. Im Umkehrschluss dürfte daher ein wesentlicher Teil des tageszyklischen und winterlichen Temperaturausgleichs über eine Beteiligung von Atmosphäre und Ozeanen nach der Stefan-Boltzmann-Umgebungsgleichung erfolgen. Das in Abbildung 8 dargestellte Jahresmittel des Energiehaushaltes der Atmosphäre und seiner Komponenten in Abhängigkeit von der geographischen Breite nach HÄCKEL (1990) weist diesen Zusammenhang eindeutig nach.

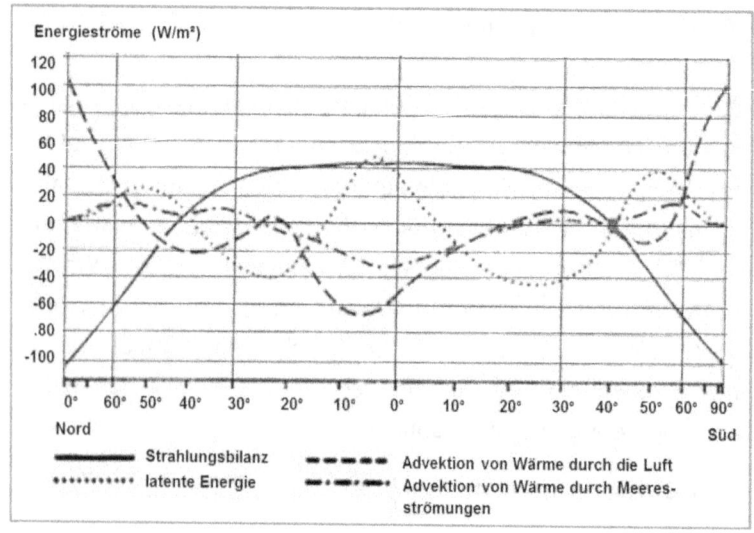

Abbildung 8: *Jahresmittel des Energiehaushaltes der Atmosphäre und seiner Komponenten in Abhängigkeit von der geographischen Breite (nach HÄCKEL 1990)*

Die Abbildung 8 zeigt auf Basis einer globalen Energiebilanz von 235 W/m² den durchschnittlich verfrachteten jährlichen Wärmestrom durch die globalen Zirkulationen aus äquatorialen Breiten in mittlere und höhere geographische Breiten hinein. Tatsächlich dürften diese Beträge im jeweiligen Winterhalbjahr der mittleren und höheren Breiten noch deutlich höher ausfallen als der Jahresdurchschnitt selbst. Da die Betrachtung über die Umgebungsgleichung des Stefan-Boltzmann-Gesetzes ebenfalls auf einer durchschnittlichen globalen Abstrahlung von 235 W/m² beruht, reiht sich diese Abbildung 8 von Häckel widerspruchslos in die vorliegende Argumentation ein.

Damit ist der Nachweis erbracht, dass die hemisphärisch ermittelten Einstrahlungsdefizite im jeweiligen Winterhalbjahr der mittleren und höheren Breiten aus dem horizontalen Wärmetransport der globalen Zirkulationen abgemildert werden.

Mit der Umgebungsgleichung des S-B-Gesetzes können wir jetzt also den Einfluss der globalen Zirkulationen als „Umgebung" der Erde in die Betrachtung der hemisphärischen Temperaturgenese einbeziehen. Insbesondere die Ozeane verlieren über Nacht ja trotz fehlender Sonneneinstrahlung nur sehr wenig an Temperatur. Allein der Wärmeinhalt der globalen Zirkulationen sorgt also dafür, dass das Temperaturniveau der Erde nachts nicht auf nahe 0 K zurückfällt, wie wir das auf dem Mond beobachten können. Das „T_0" in der S-B-Umgebungsgleichung dürfte somit in etwa durch die global gemittelte Morgentemperatur der Ozeane kurz vor Sonnenaufgang repräsentiert werden. Die Zuführung von Wärmeenergie in diese Zirkulationen aus der hemisphärischen Sonneneinstrahlung und nächtliche beziehungsweise winterliche Zuflüsse aus diesen Zirkulationen heraus glätten somit den örtlichen Temperaturverlauf auf der Erde gegenüber der hemisphärisch berechneten maximalen S-B-Strahlungstemperatur.

Diskussion

Wie gezeigt wurde, kommt eine hemisphärische Herleitung von breitenabhängigen Ortstemperaturen nach dem Stefan-Boltzmann-Gesetz ohne einen sogenannten atmosphärischen Treibhauseffekt aus. Die konventionelle Herleitung einer globalen Durchschnittstemperatur aus der durchschnittlichen Energiebilanz der Erde erfüllt dagegen die impliziten Randbedingungen des Stefan-Boltzmann-Gesetzes nicht. Sie basiert vielmehr fälschlicherweise auf Durchschnittswerten und außerdem fehlt zwischen Strahlung und Temperatur das erforderliche thermische Gleichgewicht. Diese konventionelle S-B-Herleitung aus der Energiebilanz krankt weiterhin an einer unterstellten Nacht- bzw. Umgebungstemperatur von 0 K.

Und schließlich ist für eine Betrachtung über die globale Energiebilanz der Erde nicht allein der Betrag eines durchschnittlichen Abstrahlungswertes von 235 W/m² entscheidend, wie er sich bei einer globalen Mittelung der hemisphärisch zugeführten Sonneneinstrahlung über die Gesamtfläche der Erde ergibt, sondern dasjenige Temperaturniveau, von dem aus eine solche Abstrahlung erfolgt.

Die Temperaturverläufe auf der Erde und auf dem Mond sind auf den ersten Blick völlig unterschiedlich. Während der Mond eine sehr gute Übereinstimmung mit dem Temperaturverlauf der rechnerischen hemisphärischen S-B-Maximaltemperatur zeigt, ist die Temperatur auf der Erde sehr viel ausgeglichener und bleibt im Jahresverlauf deutlich hinter den hemisphärisch berechneten minimalen und maximalen S-B-Extremwerten zurück. Erde und Mond unterscheiden sich zunächst einmal durch ihre Tageslängen von 24 Stunden und 29,5 Erdtagen. Die Erde unterscheidet sich vom Mond weiterhin durch die thermische Speicherfähigkeit ihrer globalen Zirkulationen (Atmosphäre und Ozeane). Die kurze Tageslänge der Erde und ihre Wärmespeicher sorgen daher auf der Erde für eine geringe Nachtabkühlung, während die durchschnittliche Nachttemperatur auf dem Mond schnell in den 3-stelligen Minusbereich absinkt.

Allein die Wärmespeicher der globalen Zirkulationen verhindern also eine nächtliche Auskühlung unserer Erde in derselben Größenordnung, wie wir sie beim Mond beobachten können. Während nun aber der Mond ohne Atmosphäre und Ozeane auf seiner Tagseite die S-B-Gleichgewichtstemperatur in etwa erreicht, wird auf unserer Erde ein Teil dieser Energie für die thermische Aufladung der globalen Zirkulationen aufgewendet. Und wegen ebendieser Wärmespeicher sinkt die Minimaltemperatur der Erde über Nacht dann wiederum höchstens um einige Dekagrad ab. Weiterhin sorgen diese globalen Zirkulationen im jeweiligen hemisphärischen Winterhalbjahr dafür, dass in mittleren und höheren Breiten die Ortstemperatur nicht auf die reine S-B-Strahlungstemperatur zurückfallen kann.

Natürliche Schwankungen dieser globalen Zirkulationssysteme werden dann regional als Klimaveränderungen wahrgenommen, hier sei beispielhaft auf das El-Niño-Phänomen hingewiesen.
Wenn man also auf der Erde überhaupt von einem „natürlichen Temperatureffekt" sprechen will, dann besteht dieser Effekt in einer Dämpfung der Schwankungsbreite örtlich gemessener Temperaturen gegenüber der jeweiligen hemisphärischen S-B-Gleichgewichtstemperatur. Dabei wird im örtlichen Strahlungsmaximum Energie in die globalen Zirkulationen übertragen, wäh-

rend im örtlichen Strahlungsminimum ein Wärmezufluss aus diesen Zirkulationen stattfindet.

Ergebnis

Mit diesen Ausführungen zum Stefan-Boltzmann-Gesetz und zur globalen Temperaturgenese dürfte abschließend geklärt sein, dass die Erwärmung unserer Erde ausschließlich von der tatsächlichen Sonneneinstrahlung auf ihrer Tagseite abhängig ist. Die breitenabhängig ermittelten S-B-Maximaltemperaturen im Strahlungszenit der Sonne liegen zwischen den Wendekreisen und in den Sommermonaten bis in mittlere Breiten der jeweiligen Halbkugel deutlich über den gemessenen örtlichen Temperaturen. Hier, zwischen den Wendekreisen bis in mittlere Breiten der Sommerhemisphäre, werden die globalen Zirkulationen mit Wärmeenergie „aufgeladen". Zur Nacht und im hemisphärischen Winterhalbjahr der mittleren und höheren Breiten sorgt der Wärmeinhalt dieser globalen Zirkulationen dann für einen Temperaturausgleich gegenüber der geringen beziehungsweise fehlenden Wirkung der Sonneneinstrahlung. Diese nächtliche beziehungsweise winterliche Abkühlung kann mit der Umgebungsgleichung des Stefan-Boltzmann-Gesetzes unter Einbeziehung des Wärmeinhaltes der globalen Zirkulationen beschrieben werden.

Die breitenabhängige Ableitung von individuellen örtlichen Gleichgewichtstemperaturen aus der hemisphärischen Sonneneinstrahlung von netto 780 W/m² stellt damit ein deutlich verbessertes Modell gegenüber dem konventionellen S-B-Ansatz für eine Durchschnittstemperatur unserer Erde aus der globalen Energiebilanz mit 235 W/m² dar. Das hemisphärische Strahlungsmodell widerlegt den sogenannten atmosphärischen Treibhauseffekt und erfüllt in seiner hier als Gleichung 3 vorgelegten Form alle Bedingungen des zugrunde liegenden Stefan-Boltzmann-Gesetzes.

Fazit und Ausblick

Das dargestellte Ergebnis legt nahe, dass die korrekte Ermittlung einer theoretischen globalen Durchschnittstemperatur auf Grundlage der individuellen S-B-Gleichgewichtstemperaturen aus der tatsächlichen breitenabhängigen Netto-Sonneneinstrahlung erfolgen muss, und zwar analog zu Gleichung (4) für alle Stationen des globalen Temperaturmessnetzes unter Anwendung der für die gemessene Durchschnittstemperatur benutzten Algorithmen. Bei einer solchen Berechnung muss zwingend der positive und negative Wärmefluss zwischen der jeweiligen Ortslage und den globalen Zirkulationen berücksichtigt werden.

Erst mittels eines solchen Vorgehens könnte ein abschließender Vergleich von gemessener und theoretischer Temperatur unserer Erde durchgeführt werden. Ein solches Endergebnis dürfte dann aber nicht nur in einer theoretischen globalen Durchschnittstemperatur als undifferenziertes Maß für mögliche Klimaveränderungen münden, sondern dieses Ergebnis müsste vielmehr in einen direkten Bezug zu den geographischen Klimazonen unserer Erde gesetzt werden. Erst eine solche global differenzierte Darstellung könnte zu einer aussagefähigen Visualisierung der klimatischen Ausgangssituation auf unserer Erde und deren zeitlicher Veränderungen führen.

Danksagung

Ich bedanke mich dafür, dass die DGG-Redaktion meinen häretischen Artikel über den atmosphärischen Treibhauseffekt in ihren Mitteilungen 3/2016 zur Diskussion gestellt hatte. Überhaupt den Mut gefasst zu haben, mit diesen kritischen Ausführungen an die Öffentlichkeit getreten zu sein, verdanke ich dem Geologen und Hochschullehrer Professor Eckart Walger. In den Colloquien und Diskussionen in den 1970er Jahren an der CAU zu Kiel über neue geowissenschaftliche Forschungsergebnisse war er derjenige, der regelmäßig die ganz einfachen Fragen gestellt hatte. Es waren jene offensichtlichen Fragen, die wir Studenten uns gar nicht erst zu stellen getraut hatten – und für gewöhnlich konnten diese Fragen dann nicht beantwortet werden. Ohne dieses frühe und fundamentale Erlebnis von kritischer Wissenschaft hätte ich mich sicherlich nicht getraut, den atmosphärischen Treibhauseffekt öffentlich in Frage zu stellen.

Literatur

GERLICH, G. (1995): Die physikalischen Grundlagen des Treibhauseffektes und fiktiver Treibhauseffekte. – Manuskript zum Vortrag auf dem Herbstkongress der Europäischen Akademie für Umweltfragen: Die Treibhaus-Kontroverse, Leipzig, 9./10. November 1995; <www.ib-rauch.de/datenbank/vortrag-leipzig.html> (letzter Zugriff: 29.6.2017).

Gerthsen, C. & Kneser, H.O. (1971): Physik. – 11. Aufl.; Berlin (Springer); ISBN 3-54005562-2.

HÄCKEL, H. (1990): Meteorologie. – 8. Aufl. 2016; Stuttgart (Verlag Eugen Ulmer), ISBN 978-3-8252-4603-7.

UBA (2013): Wie funktioniert der Treibhauseffekt? – www.umweltbundesamt.de/service/uba-fragen/wie-funktioniert-der-treibhauseffekt (letzter Zugriff: 18.1.2018)

VASAVADA, A.R., Bandfield, J.L., Greenhagen, B.T., Hayne, P.O., Siegler, M.A., Williams, J.-P. & Paige, D.A. (2012): Lunar equatorial surface temperatures and regolith properties from the Diviner Lunar Radiometer Experiment. – J. Geophys. Res., 117: E00H18; doi: 10.1029/2011JE003987.

WEBER, U.O. (2016): A short note about the natural greenhouse effect. – Mitteilungen der Deutschen Geophysikalischen Gesellschaft 3/2016: 19-22.

Wikipedia (2017): El Azizia. – https://de.wikipedia.org/wiki/Al-%CA%BFAz%C4%ABz%C4%ABya (letzter Zugriff: 29.6. 2017).

Nach dem Spiel ist vor dem Spiel*

* Zitat: Sepp Herberger

Die wachsende Kenntnislücke zwischen individuellem Wissen und dem technologischen Fortschritt schafft heute den inneren Raum für einen neuen Aberglauben; und nur deshalb findet die Obsession einer menschengemachten Klimakatastrophe eine solch große Verbreitung. Religion war immer nach außen, ins Unbekannte, gerichtet. Die alten heidnischen Religionen, die griechische, die römische und die nordische, hatten die Götter als Abbild ihrer Welt inszeniert. Die monotheistischen Religionen und der Kommunismus mussten dagegen einen inneren Antipol zu ihrer Glücksverheißung erschaffen und sperren damit Teile der Realität aus, ebenso wie die CO_2-Klimareligion. Die christliche Lehre definiert die Vertreibung aus dem Paradies als Erbschuld jedes einzelnen Menschen, der erst am Ende eines entbehrungsreichen irdischen Weges im paradiesischen Jenseits Erlösung finden kann. Unsere technische Zivilisation hat dieses Paradies nunmehr auf der Grundlage von fossilen Energieträgern bereits im Diesseits errichtet, und die Wurzeln unserer christlich-abendländischen Kultur fordern jetzt konsequent Buße für unsere CO_2-Erbschuld ein, auch wenn wir längst nicht mehr glauben zu können meinen. Der eingangs zitierte Satz, *„Dazu gehört, dass wir Lügen nicht Wahrheiten nennen und Wahrheiten nicht Lügen!"* (Merkel @ Harvard 2019), beschreibt exakt das grundlegende Prinzip von Wissenschaft. Aber persönliche Gewissheiten sind in einem hysterischen Umfeld wichtiger geworden als grundlegendes Wissen, und ein paar Silberlinge haben sich zu komfortablen Einkünften auf Kosten der Steuerzahler entwickelt. Ein reduziertes Medienspektrum verkündet uns heute eine zielgerichtete öffentliche Meinung, die durch Gefälligkeitswissenschaft und professionelle Astroturfs sowie Just-in-Time Aktionen von NGOs getrieben wird. Wir feiern ein Grundgesetz, das in seiner politisch korrekten Auslegung einen Wettbewerb mit dem gesellschaftspolitischen Gegner ausschließt, während Schießbefehl, Mangelwirtschaft und stinkender Braunkohlenbrand in einer einheitsgrau-maroden DDR zunehmend verdrängt werden. Unsere geschenkte Demokratie hatte gerade mal ein halbes Jahrhundert durchgehalten und verwandelt sich nun schleichend in eine neue ideologische Einheitsgesellschaft aus ökokommunistischen Globalisierungseiferern und einer wohlstandsträge schweigenden Mehrheit. Denn vom Souverän „mündiger Bürger" ging es recht schnell abwärts, über eine „Bevölkerung" bis zu denen, „die hier schon länger Leben"; und man möchte diesem Unsinn entgegenschreien, dass auch der Jäger bei seiner Beute zwischen Standwild und Wechselwild unterscheidet.

Eine CO_2-Steuer ist die geniale Idee einer globalen Elite, das Atmen und damit das Leben selbst zu besteuern - und dadurch die freie Marktwirtschaft planwirtschaftlich außer Kraft zu setzen. Nach dem Willen von pubertierenden Kindern soll dieser „Klimaschutz" künftig ins Grundgesetz aufgenommen werden. Und dann ist es wohl nur noch eine Frage der Zeit, wann die sogenannten „Klimaleugner" schließlich als „Konterrevolutionäre" oder „Klimaschädlinge" verfolgt und zumindest ihre Bücher brennen werden.

Dabei hatten es die in diesem Buch dargestellten wissenschaftlichen Erkenntnisse nicht einmal bis in die öffentliche Wahrnehmung geschafft, sondern sind bereits in der Filterblase der sogenannten Klimarealisten stecken geblieben. Und deshalb waren die Klimahysteriker auch zu keiner substantiellen öffentlichen Rechtfertigung ihrer falschen Lehrmeinung gezwungen. Bei eher zurückhaltender Zustimmung hagelte es nämlich aus dem Lager der sogenannten Klimarealisten im Wesentlichen unsachliche Kommentare bis hin zu ad-hominem-Beiträgen von promovierten Wissenschaftlern und Professoren, wobei dort oft auch noch die Mittelbildung in einem physikalischen hoch4-Gesetz propagiert und eine äußerst selbstbewusst vorgetragene MINT-Schwäche in räumlicher Vorstellungskraft sichtbar wurde. Und viele derjenigen, deren eigene Erkenntnisse in eine ähnliche Richtung wie die des Autors weisen, ohne dabei allerdings in der Lage gewesen zu sein, den gedanklichen Schritt vom Stefan-Boltzmann-Gesetz zu seiner Umgebungsgleichung zu vollziehen, konnten sich trotz ihres Wissensstandes cholerischer Ausfälle und abstruser Plagiatsvorwürfe nicht enthalten oder haben konkludent geschwiegen.

Sicherlich sind die Kritiker des Klimaalarms alle ganz harte Bursch*Innen, die selbständig zu denken pflegen und sich kein „X" für ein „U" vormachen lassen. Andererseits sind die meisten von ihnen aber auch keine Teamplayer oder Strategen, die gemeinschaftlich gegen den Klimawahn agieren, sondern starrsinnige Einhandsegler, die lediglich mit eigenen Mitteln darauf reagieren. Diese sogenannten Klimarealisten stellen nun den rationalen Gegenpart zu denjenigen klimareligiösen Wissenschaftlern dar, die unser Staatsschiff mit „voller Kraft voraus" gegen den Eisberg einer globalen ökologischen Transformation steuern wollen, an dem die Welt, wie wir sie heute kennen, zerschellen muss. Und alle Klimarealisten sind sich darin einig, dass jetzt sofort ein „volle-Kraft-zurück"-Manöver erfolgen müsste; sie können sich aber untereinander nicht über ein paar Strich backbord oder steuerbord einigen und streiten sich deshalb wie die Kesselflicker. Und trotzdem sind diese ehrenamtlichen Kritiker des Klimawahns, die sich in ihrer Filterblase mit Inbrunst gegenseitig zerlegen, viel mehr Wahrheitssuchende als die gesamte etablierte Klimawissenschaft.

Folgen Sie dem Autor zum Schluss auf einen kurzen Rückblick in unsere kulturelle Evolution, die schließlich zu den Segnungen unseres Industriezeitalters geführt hatte. Die verfügbare pro-Kopf Energiemenge hatte sich in mehreren revolutionären Schritten drastisch erhöht, und alle diese Übergänge hatten sich in freier marktwirtschaftlicher Konkurrenz zu dem jeweils vorher bestehenden System entwickelt:

- Steinzeit (=kleine lokale Gemeinschaften von Jägern und Sammlern): Die verfügbare pro-Kopf Energiemenge betrug etwa das 3- bis 6-fache des menschlichen Grundbedarfs.

- Zeitalter von Ackerbau und Viehzucht (=regionale Kulturen): Die verfügbare pro-Kopf Energiemenge betrug etwa das 18- bis 24-fache des menschlichen Grundbedarfs.

- Industriezeitalter (=globalisierte Welt): Die verfügbare pro-Kopf Energiemenge beträgt heute etwa das 70- bis 80-fache des menschlichen Grundbedarfs.

Erst der industrielle Gebrauch von fossilen Energieträgern seit Beginn der Industrialisierung hat also unseren Lebensstandard, die Verfügbarkeit und die Qualität von Lebensmitteln, die tägliche Arbeitszeit, das freie Wochenende, den jährlichen Urlaubsanspruch, das Gesundheitswesen, die individuelle Lebenserwartung, das Transportwesen, die Kommunikation und den allgemeinen technologischen Standard auf unser heute als „ganz normal" empfundenes Niveau angehoben. Wir alle leben heute nämlich so, wie sich das vor zweitausend Jahren nur die römischen Kaiser leisten konnten, und zwar dank fossiler Energieträger, modernster Technologien und jederzeit verfügbarer Energie. Im Umkehrschluss heißt das, unser gegenwärtiger Lebensstandard - und auch unser gegenwärtiger Sozialstaat - beruhen zwingend auf der Nutzung solcher fossilen Energieträger; denn nur ein erwirtschafteter Mehrwert kann verteilt werden, ohne die Substanz anzugreifen. Die geplanten ideologischen Wenden, also Energiewende, Verkehrswende und Agrarwende, können im ökonomischen Sinne aber gar keinen echten Mehrwert erzielen und führen folglich direkt in eine subventionierte Planwirtschaft; ihr Mehrwert ist nämlich rein emotional. Die nachfolgende Grenzwertbetrachtung zeigt auf, vor welchen Problemen unsere Gesellschaft heute steht.

Der Grenzwert für eine subventionierte Planwirtschaft: Eine subventionierte Planwirtschaft zugunsten des globalen Klimaschutzes unterliegt keinerlei ökonomischem Wettbewerb mit alternativen Lösungsansätzen. Vielmehr wird dort eine vorgegebene klimareligiöse Maßnahme durch Subventionen vorangetrieben, weil der Zwangsabnehmer gar keine alternative Wahl hat. Weil aber durch ebendiese Subventionen der Konkurs als ökonomisches Regulativ ausgeschaltet wird, müssen alle Fehlentscheidungen und Fehlplanungen zukünftig ebenfalls durch Subventionen ausgeglichen werden. Ein Abbau solcher Subventionen ist also systembedingt gar nicht mehr möglich, weil eine planwirtschaftliche Maßnahme im wahrsten Sinne des Wortes alternativlos bleibt. Vielmehr muss eine subventionierte Planwirtschaft à la Ostblock zwangsläufig zu einer entsprechenden Verringerung von Qualität, Innovation und Angebot führen – und kann schließlich die Nachfrage in einer Mangelgesellschaft nicht mehr befriedigen.

Der Grenzwert für einen emotionalen Mehrwert: Die Zwei-Erden-Argumentation der Klimaschützer verlangt Verzicht von allen Klimagläubigen, um dadurch unsere natürliche Umwelt und das Weltklima für die nachfolgenden Generationen zu bewahren. Eine aktive Teilnahme an der Umsetzung dieses hohen ökologischen Zieles verschafft allen Beteiligten, neben wirtschaftlicher Sicherheit, insbesondere emotionale Glücksgefühle und eine Bestätigung ihres religiös überhöhten Selbstbildes. Diese Überhöhung lässt es schließlich auch nicht mehr zu, sich überhaupt noch mit Andersdenkenden über Alternativen auseinanderzusetzen und muss somit über einen „gestaltenden Staat" direkt in den ökologischen Totalitarismus führen.

Synthese dieser beiden Grenzwerte: Eine subventionierte Planwirtschaft muss zwingend in einer sozialistischen Mangelwirtschaft konvergieren, weil das ökonomische Regulativ eines freien Wettbewerbs fehlt. Damit schlägt dann die Zwei-Erden-Argumentation in ihr Gegenteil um, denn für eine ökologisch korrekte Ernährung der gesamten Weltbevölkerung wären ebenfalls zwei Erden erforderlich. Der erhöhte Flächenverbrauch für die glaubensgerechte Erzeugung von Nahrung und Energie muss daher zwingend in einer ökonomischen Versorgungskatastrophe enden. Und weil der menschliche Überlebenswille nun einmal sehr viel stärker ausgeprägt ist als jeder Umweltschutzgedanke, bricht dadurch wiederum irgendwann der Ökototalitarismus zusammen. Und die Überlebenden dieser Katastrophe werden schließlich die ökologischen Ressourcen unseres Planeten erbarmungslos ausplündern müssen, und zwar ganz einfach nur um zu überleben.

Fazit: Die Dekarbonisierung der Welt stellt nicht etwa einen kulturellen Fortschritt für die Menschheit dar, sondern führt direkt zurück in ein ökologisches Mittelalter mit etwa einem Viertel der aktuell verfügbaren pro-Kopf Energiemenge. Und in dieser schönen neuen Welt dürfen unsere Nachkommen ihr Brot dann wieder im Schweiße ihres Angesichts essen und werden dabei von einem verlorengegangenen industriellen Paradies träumen...

Weitere Bücher des Autors:

Taschenbuch S/W - 216 Seiten

ISBN: 978-3-74483-560-2

E-Book: 5,49 € - Buch: 7,99 €

Katastrophenszenarien haben sich zu den Gelddruckmaschinen der modernen Forschung entwickelt. Deren CO_2-Glaubenssätze werden hier anhand geowissenschaftlicher Erkenntnisse „entzaubert" und die gesellschaftlichen Perspektiven der gegenwärtig herrschenden Klimahysterie aufgezeigt.

Taschenbuch S/W - 116 Seiten

ISBN: 978-3-74483-727-9

E-Book: 3,49 € - Buch: 5,99 €

In diesem Buch hat der Autor eigene Veröffentlichungen und ergänzende Kapitel zu einer schlüssigen Argumentationskette im Sinne einer geowissenschaftlichen Auseinandersetzung mit der von den politisierten Klimawissenschaften prophezeiten menschengemachten Klimakatastrophe zusammengefasst. Insbesondere die wissenschaftliche Widerlegung des atmosphärischen Treibhauseffektes als zentrales Glaubensdogma der Klimareligion steht hierbei im Vordergrund.

Taschenbuch S/W - 48 Seiten

ISBN-13: 9783752870343

E-Book 3,49 € - Buch 4,99 €

Die hemisphärische Stefan-Boltzmann Betrachtung behandelt weder Wetter noch Klima, sondern ein langjähriges Mittel der elementaren Kräfte, die beiden zugrunde liegen. Denn im Gleichgewicht zwischen hemisphärischer Sonneneinstrahlung und globaler Abstrahlung bestimmen die globalen Wärmespeicher von Atmosphäre und Ozeanen den individuellen örtlichen Temperaturverlauf auf unserer Erde.

Ein "natürlicher atmosphärischer Treibhauseffekt" oder eine "atmosphärische Gegenstrahlung" sind zur Erklärung der Temperaturgenese auf unserer Erde weder erforderlich noch nachweisbar.

Taschenbuch S/W - 128 Seiten

ISBN-13: 9783752804355

E-Book 3,99 € - Buch 5,99 €

Die Betrachtungsperspektive für gesellschaftliche Veränderungen in unserem Land hat sich diametral verändert. Der aktuelle gesellschaftliche Wandel wird nämlich nicht etwa aus einer wertekonservativen Mitte heraus kommentiert, wie wir das bei unserer sogenannten 68er Studentenrevolution erlebt hatten, sondern vielmehr ist heute diese wertekonservative gesellschaftliche Mitte selbst, vorgeblich als "alte weiße Globalisierungsverlierer", das Subjekt einer vernichtenden öffentlichen Kritik.

www.ingramcontent.com/pod-product-compliance
Lightning Source LLC
Chambersburg PA
CBHW050234230526
45470CB00005B/1950